집, 유치원, 학교에서 시작하는

스웨덴식 성평등 교육

Text: © Kristina Henkel and Marie Tomičić 2009
Illustrations: © Emili Svensson www.emilisvensson.com
© OLIKA förlag AB, 2009
All rights reserved. No part of this book may be reproduced, transmitted,
broadcast or stored in an information retrieval system in any form or by any means, graphic,
electronic or mechanical, including photocopying, taping and recording,
without prior written permission from the Publisher.

Korean translation rights arranged through Icarias Agency on behalf of S.B.Rights
Agency – Stephanie Barrouillet

Korean Translation © Dabom Publishing
Arranged through Icarias Agency, Seoul.

이 책의 한국어판 저작권은 Icarias Agency를 통해 OLIKA forlag AB와 독점 계약한 도서출판 다봄에 있습니다.
저작권법에 의하여 한국 내에서 보호를 받는 저작물이므로 무단전재와 복제를 금합니다.

집, 유치원, 학교에서 시작하는

스웨덴식 성평등 교육

크리스티나 헨켈·마리 토미치 지음
홍재웅 옮김

다봄.

모든 사람은 태어날 때부터 자유롭고,

존엄성과 권리에 있어서 평등하다.

– UN 세계인권선언 제1조

모든 아이들은 똑같은 가치를 지닌다.

아이들의 상황은 모두가 같지는 않다.

모든 아이와 청소년은 존중받아야 한다.

어떤 가족을 가졌든, 어떤 국적을 가졌든,

어떤 나라에서 왔든, 어떤 언어로 말하든,

어떤 것을 믿든, 여자거나 남자든,

누구를 사랑하든, 어떠한 신체장애를 가졌든 상관없다.

– 스웨덴 아동 옴부즈만(BO)

차례

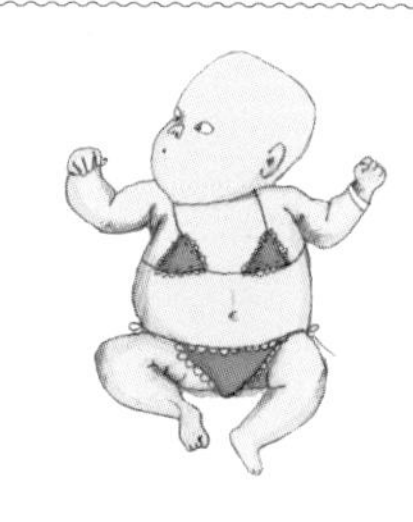

3장 여자아이, 남자아이 그리고 ‘아이’

– 언어에는 아들딸 구별이 없어요

4장 여자끼리, 남자끼리

– 우정과 사랑에는 아들딸 구별이 없어요

5장 착한 여자, 강한 남자

– 감정 표현에는 아들딸 구별이 없어요

6장 여자 몸, 남자 몸

– 신체 활동에는 아들딸 구별이 없어요

7장 스웨덴 유치원의 성평등 교육

8장 성평등을 위한 우리의 노력

"딸아이의 차림새에 따라 주변 반응이 확연히 달랐어요. 제 딸이 꽃 달린 빨간 모자를 썼을 때는 아이가 참 예쁘다는 말을 늘 들었어요. 반면 초록색 줄무늬 옷을 입었을 때는 명랑하고 활달하다는 소리를 듣곤 했지요."

– 크리스티나 헨켈

"제 아들한테 어른들이 반짝이가 붙어 있는 흰색 테니스 운동화는 여자애 신발이라고 말했대요. 이제 겨우 일곱 살짜리 애한테요. 제 아들은 자신이 직접 그 테니스 운동화를 골랐다는 사실을 무척 자랑스러워해요."

– 마리 토미치

시작하며

남자아이라고 다 전쟁놀이를 좋아할까? 아니다. 남자아이들도 인형을 가지고 노는 걸 더 좋아할 수 있다. 또 여자아이라고 다 반짝이 머리핀을 좋아하지는 않는다. 왜 우리는 남자아이가 어질러 놓은 자리를 여자아이가 치우는 게 당연하다고 생각할까? 남자아이도 청소나 정리정돈은 할 수 있는데 말이다. 세상의 모든 아이들은 성별에 관계없이 자신이 원하는 옷을 입을 수 있고, 자신이 원하는 장난감을 선택할 수 있다.

이 책은 아이들의 성이 언제 어떻게 나뉘고, 어떤 상황을 거쳐 여자와 남자로 자라는지 설명한다. '젠더의 함정' 또는 '젠더의 난관'을 통해 말이다. 함정이란 쉽게 빠질 수 있어 아이들을 제한해야 하는 것이고, 난관이란 복잡한 데다 간단한 해결책이 없는 것을 일컫는다. 아이들은 보통 젠더의 함정과 난관을 한쪽으로 치우친 방식으로 마주하는데, 이것은 자유롭고 독창적인 개인으로 발전해 나갈 아이들의 가능성에 영향을 미친다.

우리에게 아이가 생겼을 때 젠더의 함정과 난관은 아주 분명해진다. 지금까지 우리는 여성과 여자아이가 해야 할 일이라고 여겼던 틀에 박힌 역할들을 수없이 봐 왔다. 그런데도 우리는 아무런 대책도 마련하지 않았다. 우리의 아이들이 너무도 많이 또 자주 여자라는 이유로 무시당했는데도 말이다.

오, 여자애치고는
제법인데….

젠더의 함정과 난관은 임신과 동시에 시작된다. 대부분의 사람들은 어떤 성별의 아이가 태어날지 궁금해하며 단서를 찾는다. 임신부의 배 모양, 태아 초음파 검사, 태아가 발을 차는 정도 등이 성별을 알려 주는 단서들이다. 세상에 나온 뒤 남자아이와 여자아이는 서로 다른 색깔의 옷을 입는다. 또 다른 톤의 목소리를 듣고, 다른 단어를 접한다. 울음도 남자아이와 여자아이는 다르게 해석된다. 남자아이와 여자아이는 서로 다른 기질을 지녔다고 여겨지며, 성별에 따라 몸가짐이나 차림새가 달라야 한다는 교육을 받는다. 간단히 설명하면 삶의 첫해에 아이들은 여자가 할 일, 남자가 할 일을 가리는 수만 가지 의식을 통과한다. 이 모든 과정이 아주 당연한 일처럼 진행된다.

아이들은 아주 어렸을 때부터 생김새나 성격 등 모든 면에서 남자와 여자는 서로 다르며 또 달라야 한다고 배운다. 이 같은 교육을 받은 아이들은 어떤 어른으로 성장할까? 이것이 아이들에게 어떤 결과를 초래할지, 우리는 전혀 생각지 못했다. 성별 구분이 아이를 일방적으로 편협하게 몰고 갈 수 있다는 점을 간과한 것이다.

남자는 힘!
힘이 세야 해.

이 책에서는 여자와 남자가 아닌 한 사람의 인격체로 아이들을 바라본다. 이렇게 간단한 방법으로 아이들의 가능성이 얼마나 커지는지, 눈여겨보길 바란다. 평등과 관련된 이야기들이 많음에도 불구하고 또 대부분의 사람들이 평등의 중요성과 필요성을 인지함에도 불구하고 여전히 이 사회는 평등하지 못하다. 생각을 행동으로 옮기는 게 항상 쉽지만은 않기 때문이다. 대체 평등은 어떻게 이루어질까?

이 책의 1~6장은 젠더의 함정과 난관을 다루고 있으며, 각 장은 불평등의 여러 관점들을 조명한다. 이 관점들은 저녁 식사 자리에서, 책을 읽어 주는 시간에, 아이와 어른이 함께하는 놀이에서 만들어지므로 각 장은 일상생활을 주로 다룰 것이다. 소소한 일상에서 젠더의 함정은 큰 문제가 없는 것처럼 보이나, 실은 그렇지 않

안 돼.
머리핀은 여자만
꽂는 거야!

■ '평등권'이란 성별, 성정체성, 성적 지향, 민족, 종교, 신체장애, 섹슈얼리티, 나이에 상관없이 모든 사람들에게 기회와 권리가 똑같이 주어지는 것을 말한다.

다. 여러 상황들 속에 여자아이와 남자아이에게 다른 가능성을 제공하는 우리 사회의 민낯이 드러나 있다.

성 고정관념이 일상화된 현실에서 어른들이 아이의 가능성을 높이기 위해 어떻게 할 수 있는지, 다시 말해 어떤 새로운 방법으로 생각하고 행동할 수 있는지에 대한 조언도 담았다. 이것이 독자 여러분에게 영감을 줄 수 있기를 바란다. 분명 여러분은 더 좋은 아이디어를 가지고 있을 것이다. 이 책의 어떤 조언들은 바로 실천하는 데 별 어려움이 없을 것이다. 물론 새로운 방식으로 행동하는 것을 배우는 데는 시간이 좀 걸린다. 자연스럽게 느껴지기까지는 시간이 더 필요할지도 모른다. 그래도 포기하지 마라! 작은 일들이 모여 큰일이 된다.

어린아이의 삶에서 유치원은 아주 중요한 공간이다. 성 고정관념을 깨는 평등 교육은 유치원 때부터 이루어져야 한다. 각 장은 교사와 부모가 평등 문제를 어떻게 이끌어 낼 수 있는지 알려 주며, 불평등이 행해지는 내용을 요약해 놓은 설명으로 끝을 맺는다.

일상 경험을 바탕으로 쓰인 이 책은 어린아이를 돌보는 부모와 교사가 주 대상이다. 책 속 인용문과 말풍선은 전문적이고 사적인 영역에서 접할 수 있는 얘기로부터 영감을 받았을 뿐만 아니라 부모용 설문지, 관련 회사 및 기초 지방자치단체(코뮌)와의 인터뷰에 기반하고 있다. 그리고 책에 소개된 이름들은 거의 가명이며, 인터뷰 내용

중 일부는 원뜻을 훼손하지 않는 범위에서 수정하기도 했다.

평등은 모든 아이들에게 중요하다. 그렇다고 모든 남자아이들한테 분홍색 티셔츠를 입히고 여자아이들 손에서 인형을 빼앗으라는 이야기는 아니다. 모든 아이들이 똑같아져야 한다고 말하는 것도, 차별을 일으킬 만한 요소들을 전부 다 없애야 한다고 주장하는 것도 아니다. 여기서 말하는 평등은 다양성과 관련 있다. 평등 교육을 통해 남성다움, 여성다움이라는 틀에서 벗어난 아이들은 활동 범위를 넓히고 수백 가지 방법으로 자신을 표현할 수 있다.

아이들의 변화를 꿈꾸며….

크리스티나 헨켈 & 마리 토미치

실은 나
분홍색 젤리를 좋아해!

1장

여자는 인형,
남자는 로봇

– 놀이에는 아들딸 구별이 없어요

우울해.
기분이 안 좋아.

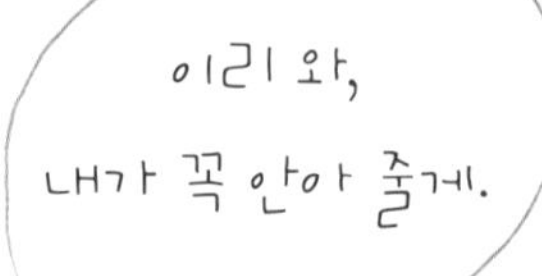
이리 와,
내가 꼭 안아 줄게.

바비와 배트맨

알파벳 B로 시작하는 장난감 인형이 두 개 있다. 바비와 배트맨. 바비는 여자아이들의 사랑을 오랫동안 받아 온 인형이고, 배트맨은 남자아이들의 전유물로 여겨지는 인형이다. 먼저 바비 인형을 자세히 들여다보면 발이 하이힐 모양이어서 똑바로 세우려면 신발을 신겨야 한다. 바비 인형의 다리는 구부러진 경우가 드물며, 손은 자그마한 가방 외에 다른 물건을 잡기 어렵게 디자인돼 있다. 큰 눈에 날씬한 몸, 커다란 가슴을 가진 바비는 늘 최신 유행의 옷으로 갈아입는다.

반면 배트맨의 몸은 단단하고 근육질이며, 발바닥이 평평해 똑바로 세워 놓는 데 전혀 문제가 없다. 손은 다른 물건들을 잡을 수 있는 모양이다. 그리고 바비와 달리 배트맨의 작은 눈은 마스크 뒤에 꼭꼭 숨어 있다. 배트맨은 강인한 턱 근육을 지녔으며, 현대 남성이 꿈꾸는 이상적인 모습을 닮았다. 미소도 거의 짓지 않는다.

■ 일반적으로 대중매체는 남성은 적극적이며 외향적이고, 여성은 소극적이며 관계지향적이라고 표현한다.

배트맨을 손에 쥔 아이들은 인형을 뒤로 돌려 앞을 바라보게 한다. 자신을 보도록 잡고서 옷을 갈아입히는 일은 거의 없다. 대신 배트맨은 하늘을 날거나 높은 데서 뛰어내리거나 헬리콥터를 타거나 아주 빨리 달리거나 다양한 무기로 적을 공격하는 역할을 한다. 이러한 놀이를 통해 아이들은 자신감과 용감성을 연습한다. 배트맨은 돌봐 달라는 신호를 보내지 않는다. 꼭 안아 주거나 옆에서 지켜 줘야 하는 인형이 아니다.

이와 달리 바비 인형은 옷을 갈아입히고 예쁘게 꾸미는 놀이와 관련 있다. 이때 아이들과 바비 인형은 서로 마주 보는 상태로 놀이를 진행한다. 놀이는 의사소통, 팀워크, 대인 관계 등에 영향을 미친다. 인형놀이의 경우 인형의 종류에 따라 노는 모습이 다르다.

먼저 바비는 인간적인 특징과 능력을 가졌다. 이 인형으로 배트맨과 놀 듯이 할 수 있을까? 몸을 뒤로 돌린다거나 지하 터널을 찾아 헤매는 역할만으로 간단히 해결될 문제가 아니다. 그 이유는 배트맨이 가지고 있는 초자연적인 요소, 즉 마법 망토와 속도가 엄청난 배트모빌(배트카)이 바비에게는 없기 때문이다. 마찬가지로 배트맨을 가지고 바비와 놀 듯이 하기는 어렵다. 놀라운 능력을 가진 배트맨이 얌전히 반려동물을 돌보거나 인형집 가구를 재배치하는 건 상상도 못 할 일이다.

배트맨, 스파이더맨, 닌자 거북이는 인형이라기보다 특정 인물이나 남성을 연상시킨다. 장난감 생산업체들은 이 인형들이 활기 넘치고 흥미진진한 사건과 모

■ 1974년, 스웨덴은 유급 육아휴직을 남녀, 즉 엄마 아빠 모두에게 적용해 부모가 집에서 아이를 돌볼 수 있도록 했다.

■ 2015년 스웨덴 통계에 따르면, 아버지인 남성이 유급 육아휴직을 신청해 사용한 비율은 25%였다. 또한 아이의 병간호를 이유로 휴직 신청한 부모 중 37%가 아버지였다.

험을 다룬다는 점을 강조하기 위해 '액션'이라는 단어를 덧붙였다. 최신 유행을 따르는 여자 인형과 액션 인형은 여러모로 다른데, 이 점을 여자아이들과 남자아이들에게 알려 주는 일은 쉽지 않다. 그래서 여자아이들은 옷과 외모에 치중하게 하고, 남자아이들은 악의 무리와 싸워 세상을 구하게 하는 것이다. 달리 말해 여자아이들과 남자아이들은 완연히 서로 다른 역할들을 터득하고 훈련하도록 요구받는다.

성평등 솔루션

- 아이들과 함께 배트맨 망토나 바비 인형 가방을 만들어 보세요. 먼저 뭘 만들지 그려 보고, 알맞은 무늬의 천을 준비하세요.
- 바비나 배트맨 또는 비슷한 종류의 인형들에게 새로운 역할을 부여해 보세요. 배트맨이 유치원에서 아이를 태운 뒤 집까지 안전하게 운전하는 모습을 상상해 보세요. 배트맨 차에 아이들이 타고 있을 때는 악당을 쫓을 때처럼 빨리 달릴 수 없겠지요.
- 아이들에게 바비가 짧은 치마를 입고도 아주 빨리 달려갈 수 있다든가, 악당들에게 들키지 않으려고 까치발로 다닌다고 말해 주세요. 닌자 거북이도 요리를 할 수 있고, 학교에서 만난 다른 닌자 거북이하고 사랑에 빠질 수도 있다고 얘기해 주세요.
- 눈이 아주 큰 브라츠 인형이 모든 것을 꿰뚫어 볼 수 있고, 스파이더맨이 다치면 빨리 병원에 가서 반창고도 붙이고 의사 선생님의 치료도 받아야 한다고 얘기해 주세요.

배트맨이
아빠라면 어떨까?

- 남자아이건 여자아이건 인형을 고를 때는 여러 유형을 골고루 접하게 해 주세요. 사람의 형태, 신비롭거나 초자연적인 형태 등 인형마다 모양이 다르겠지요.
- 머리색, 눈색, 피부색이 다른 바비 인형(중고도 괜찮아요!)들을 모아 주세요. 인형에게 망토도 입혀 보고 드레스도 입혀 보세요. 또 칼도 쥐어 주고 방패도 들고 있게 하세요. 자신의 이상형이나 역할을 다양하게 부여하는 인형놀이를 하나 만들어 보세요.
- 여자, 남자 이렇게 모습이 분명한 인형 말고 다른 인형들을 골라 주세요. 성이 특정되지 않은 인형들도 많아요.

바비에게는 칼이 필요해!
다른 공주들처럼 말이야.

운전은 남자가 해야지

"남자 조카에게 생일 선물을 사 주려고 했어요. 설거지와 청소를 좋아하는 아이여서 집안일을 하며 놀 수 있는 장난감을 사 주고 싶었죠. 그런데 전기 청소기가 전부 여자아이들이 그려진 분홍색 박스에 담겨 있는 거예요. 조카아이가 제법 커서 그게 여자아이들이 가지고 노는 장난감인 걸 알 정도가 되었으니, 문제였죠."

- 미카엘라, 5세 아동의 이모

"각각의 인형들이 혼자 서 있고 스파이더맨과 스타워즈도 단독으로 진열돼 있다면 파는 사람이나 사는 사람 모두가 좋을 것 같아요. 고객들이 일일이 찾아다닐 필요가 없을 테니까요."

"장난감 가게에서는 보통 배트맨이나 스타워즈 인형들을 다른 인형들과 함께 세워 놓지 않죠?"

"예? 배트맨이 바비 같은 인형들과 나란히 서 있어야 한다는 얘긴가요?"

"네. 그 뜻이에요."

"하하, 그건 안 돼요. 배트맨은 인형이 아니잖아요."

짜잔! 장난감 카탈로그가 편지통에 들어 있다. 아이들이 보더니 잽싸게 낚아챈다. 부르릉! 카탈로그 안에는 달리는 자동차가 있다. 운전자는 누구일까? 카탈로그 속 자동차 안에는 남자아이와 여자아이가 앉아 있지만, 운전대를 잡은 사람은 남자아이들뿐이다. 그 옆쪽에는 공을 차는 열 명의 남자아이들과 두 명의 여자아이들이 보인다. 물총을 가지고 노는 모습에서는 여자아이들을 전혀 찾을 수 없다. 아이들이 잘못된 장난감을 고르는 일이 없도록 카탈로그 한쪽에 색으로 표시까지 돼 있다. 분홍색이 표시된 면을 펼치니 아기 인형과 유모차, 어린이용 화장품 등이 눈에 들어온다.

- "남아용과 여아용 장난감을 분리해 놓아야 고객들이 원하는 장난감을 쉽게 찾을 수 있습니다. 만일 다른 방식으로 진열한다면 고객들 불만이 하늘을 찌를 겁니다."
– BR-렉사케르(장난감 체인점)

- "우리에게는 성별 구분이 가능한 장난감이 별로 없습니다. 특히 어린아이들 장난감은 남아용, 여아용으로 구별할 이유가 특별히 없고요. 아이의 발달 과정은 같잖아요."
– 브리오(장난감 브랜드)

심지어 장난감을 받는 아이가 여자인지 남자인지에 따라 포장법도 다른데 박스 색깔과 모양으로 구분된다. 여자아이를 고려한 장난감 박스는 주로 모서리가 둥글고 색도 밝고 화사하다. 요즘에는 반짝거리는 효과까지 등장했다. 반면 남자아이를 염두에 둔 장난감은 무겁고 어두운 색깔의 박스 포장이 대부분이며, 모서리가 뾰족하고 위험 표시가 인쇄돼 있다.

장난감이 여자아이용과 남자아이용으로 나뉘어 있는 것은 물론이고 다양한 장난감들을 광고하는 문구조차 성 구분이 확실하다. 인형을 광고하는 문구는 이렇다. "아기랑 똑같아요! 아기에게는 당신의 사랑과 돌봄이 필요해요!" 자동차에는 이런 문구가 적혀 있다. "운전해 보세요! 달려 보세요! 리모컨으로 작동되는 자동차예요!"

아이들이 장난감으로 할 수 있고, 또 하고 싶어 하는 행동들이 글로 잘 설명돼 있다. 이 때문에 아이들은 자유롭게 상상할 수 있는 재미를 누리지 못한다. 대신 여자냐 남자냐에 따라 달라지는, 한 방향으로 완성된 이야기들을 접한다.

경고!
이 장난감은
100% 성별 구분되는
제품입니다.

놀이 도구를 봤을 때 여자아이가 높이뛰기 선수, 비행기 조종사, 기계 수리공인 경우는 드물다. 또한 남자아이가 아픈 동물을 돌보고 정원 식물을 가꾸며 요리하는 모습도 찾아보기 힘들다. 이러한 장난감들은 아이들의 놀이가 서로 다른 장소에서 일어나게 만든다. 여자아이들은 집 안에서, 남자아이들은 집 밖에서. 그 결과 여자아이들의 놀이는 앉은 채로 조용하게 이루어지며, 남자아이들의 놀이는 활동적이고 새로운 세상을 개척하는 행동으로 이루어진다. 여자아이들은 부드러운 운동신경과 집중을 연습하고, 남자아이들은 거친 운동신경과 용기를 시험한다.

■ 유치원에서 노는 모습을 보면, 여자아이들은 주로 앉은 자세로 놀면서 작은 근육을 많이 사용한다. 반면 남자아이들은 널찍한 공간에서 큰 근육을 사용하며 논다.
– 카이사 스발레뤼드, 《젠더 교육》, 2002

놀이가 펼쳐지는 각기 다른 장소들은 아이들이 자신의 창의력을 어떻게 훈련해야 하는지 또 갈등을 어떻게 다루어야 하는지 배우고, 정해진 규칙에 따라 어떻게 행동해야 하는지 연습하는 데 영향을 미친다. 세상을 구하기 위해 위험을 감수할 수 있어야 하고, 꾀를 내 적을 물리칠 수 있어야 한다. 그것을 위해 규칙에서 벗어날 수도 있어야 한다. 하지만 인형을 돌보거나 요리를 하는 등 실생활과 관련된 놀이라면 의사소통과 규칙 준수가 중요하다. 이유식이 너무 뜨거우면 아기에게 화상을 입힐 수 있고, 아기의 머리 위까지 이불을 덮으면 산소 부족으로 질식사할 수 있다.

아이들은 여자아이와 남자아이의 세계에서 여러 종류의 판타지와 창조력을 연습한다. 만일 모든 아이들이 놀이를 통해 마법이나 초자연적인 일을 경험해 본다면 어떨까? 아마 훗날 그들이 살아갈 복잡한 세상을 더 잘 대비할 수 있을 것이다.

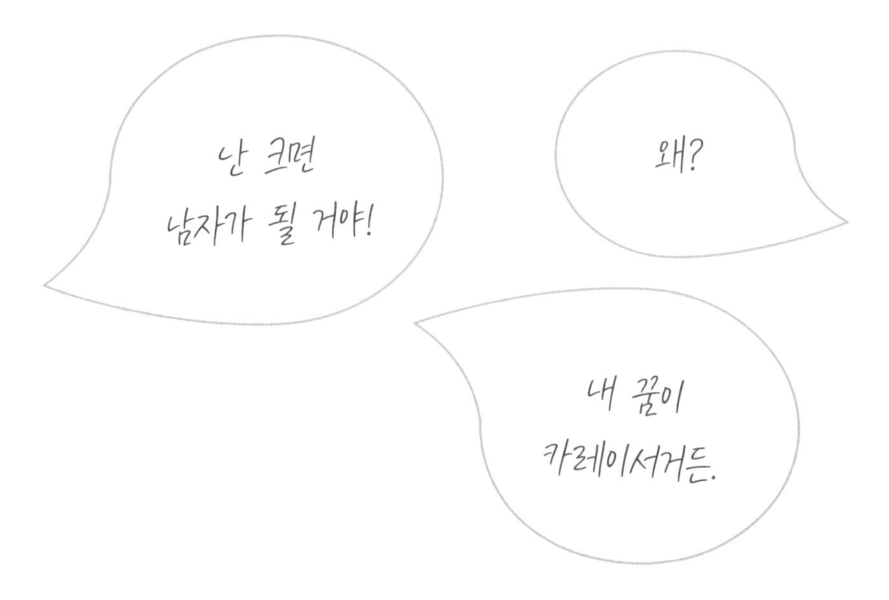

성평등 솔루션

- 장난감에게 새로운 내용과 환경을 부여해 보세요. 아기 인형들이 수퍼 히어로가 되어 정글에 숨겨진 다이아몬드를 찾을 수도 있고, 악당들이나 화산 폭발로부터 지구를 구할 수도 있습니다.
- 같은 장난감에 다른 의미를 갖다 붙여 보세요. 오븐은 커피에 곁들일 빵을 구울 수도 있지만 주택 건축에 쓰이는 시멘트 벽돌을 구울 수도 있습니다.
- 모든 아이들, 특히 남자아이들에게 돌봄을 받거나 동정심을 발휘하는 놀이를 권해 보세요. 집안일을 돕는 역할놀이를 하도록 격려해 주세요.
- 모든 아이들, 특히 여자아이들에게 훌륭한 기술자가 되거나 모험을 즐기는 놀이를 권해 보세요. 위험을 무릅쓰고 세상의 일원이 되는 놀이를 하도록 격려해 주세요
- 장난감을 건네기 전에 박스나 포장을 제거해 주세요. 그러면 오븐은 그냥 오븐일 뿐 여자 장난감이 아닙니다. 또 경찰복은 그냥 경찰복일 뿐 남자 경찰복으로 여겨지지 않습니다.
- 새 장난감을 살 때는 아이들을 가게에 데려가지 마세요. 아이들은 장난감이 놓인 위치나 업체 마케팅에 휘둘리기 쉽습니다.

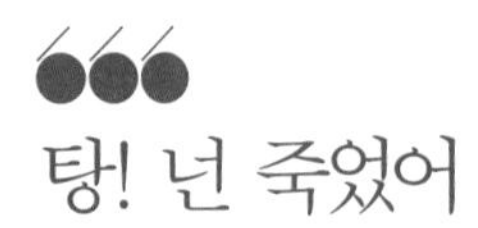

탕! 넌 죽었어

"아들에게 스파이더맨 만화책을 읽어 주었어요. 그런데 아들은 악당을 만나도 좀처럼 싸우려 들지 않는 스파이더맨이 비겁해 보인다고 하더군요. 은근히 싸우기를 바라는 눈치였어요."

- 마르쿠스, 5세 아동의 부모

"제 딸이 유치원에서 다른 여자아이와 장난을 치며 놀았대요. 심한 몸싸움을 한 것도 아닌데 어른이 와서 나무랐나 봐요. 남자아이들이 놀이터에서 서로 밀치거나 싸울 때는 아무도 뭐라 안 하잖아요."

- 호세, 4·5세 아동의 부모

"총싸움처럼 사람을 죽이는 놀이가 제 아들에게 부정적인 영향을 끼칠 거라고 생각지 않아요. 그 애들은 그냥 죽고 죽이는 척할 뿐이에요."

- 카롤린, 4세 아동의 부모

"전쟁놀이는 창조성과 거리가 멀어요. 구조 활동도 할 수 없고 희망도 없잖아요. 남자아이든 여자아이든 제 손주들이 전쟁놀이를 안 했으면 좋겠어요. 장난감 총을 쏘는 것도 싫어요."

– 벵트, 3·5·8세 아동의 할아버지

탕! 탕! 총알이 팽 공기를 가르며 나간다. 잠시 뒤 의기양양하게 외치는 소리가 들린다. "넌 죽었어!" 남자아이들은 전쟁놀이 같은 폭력적인 놀이를 즐기지만, 이것을 크게 문제 삼는 분위기는 아니다. 왜 그럴까?

남자아이들을 위한 장난감들 다수는 전쟁이나 여러 형태의 폭력과 관련 있다. 남자아이들은 어렸을 때부터 총을 사용해 정복하고, 방어하고, 반항하거나 부수고 싸우는 법을 배운다. 폭력은 인간이 원하는 것을 쟁취하기 위한 수단 중 하나가 된다. 심지어 놀이에서는 폭력이 여러 형태의 곤란한 상황을 해결하는 수단으로도 소개된다.

■ 레고 홈페이지에 소개된 총 22개의 캐릭터들 중 12개가 총을 쏘거나 전쟁 중인 인물이다.
– 레고(lego.com), 2009

■ 스웨덴 중학교 3학년 학생들 가운데 남학생 22%와 여학생 8%가 폭력을 사용하였다.
– 스웨덴 통계청(SCB), 2008

남자아이들이 폭력적인 놀이를 즐기는 것은 지극히 자연스러운 일이나, 여자아이들이 잔인하고 폭력적인 놀이를 한다면 어른들은 성격이 드세고 난폭하다고 여길 것이다. 여자아이들이 싸우는 척하거나 때리는 척해도 똑같이 생각할 것이다. 예를 들어 두 남자아이가 서로 엉겨 붙어 몸싸움을 벌이고 있다고 가정해 보자. 이것을 본 대부분의 어른들은 무심히 지나갈 테지만, 그 아이들이 여자라면 보자마자 심하게 꾸짖을지도 모른다.

전쟁놀이에 참여하는 대다수 남자아이들은 폭력 말고 다른 평화로운 방법으로도 갈등을 해결할 수 있다는 사실을 배우지 못한다.

성평등 솔루션

- 모든 아이들, 특히 남자아이들에게 총이나 화살 같은 폭력적인 장난감 말고 다른 장난감을 갖고 놀게 하세요. 장난감 무기를 분해하는 놀이를 통해 발명가가 될 수도 있습니다.
- 문제를 일으키거나 말썽을 피우는 아이들은 처음부터 나빴던 게 아니라 친구가 없어서 그렇게 되었을지도 모릅니다. 파티를 열어 친구를 만들어 주세요.
- 전쟁놀이를 긍정적으로 반전시켜 보세요. 함께 만든 구급차를 출동시켜 부상자들을 도와주는 것이죠. 또 돌아가면서 의사 역할을 맡아 생명을 구하게 하세요. 부서진 학교와 마트, 주택 그리고 다른 필요한 것들을 재건해 보세요.
- 모든 아이들이 나쁜 사람 역할도 해 보고 착한 사람 역할도 해 보게 하세요.
- 아이들 그리고 아이들의 친구들과 함께 레슬링을 해 보세요. 아마 아이들은 자신의 신체적 한계를 알 수 있을 겁니다. 어른과 레슬링하면서 아이들은 한계를 깨닫는 동시에 서로를 다치게 하면 안 된다는 점을 배울 수 있습니다.
- 모든 아이들, 특히 여자아이들이 놀이를 통해 말 또는 몸으로 자신을 방어하도록 연습시켜 보세요.
- 폭력 말고도 다른 방법으로 분쟁을 해결할 수 있음을 아이들에게 알려 주세요. 원탁회의 놀이를 통해 자신의 주장을 논리적으로 펼치고 평화롭게 협상하는 기술을 연습할 수 있습니다.

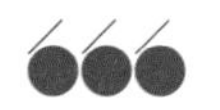

좀 조용히 하렴

"유치원에서 딸아이가 말을 흉내 내는 놀이를 했대요. 놀이에서 말들은 마치 사자처럼 포효하고 상당히 공격적이고 시끄러웠고요. 그때 선생님이 이렇게 말했대요. '말은 그런 소리를 내지 않아!' 그런데 남자아이들한테는 아무런 주의도 안 줬대요. 큰 소리를 내며 주변을 돌아다니는데도요."

- 파울라, 5세 아동의 부모

"좀 조용히 하렴. 다른 여자애들처럼 가만히 앉아 있을 수 없니?"

- 4세 아동의 할머니

우리는 여자아이들이 얌전하고 고분고분하고 정숙하기를 바란다. 그래서 여자아이가 떠들면 크게 질책하고 자리에 조용히 앉아 있으라고 충고한다. 긴 머리에 귀여운 외모를 지닌 여자아이도 사자처럼 울부짖거나 화를 낼 수 있다. 하지만 어른들은 조심스럽고 수줍어하는 남자아이들이 문제인 것처럼 이 역시 문제라 여긴다. 그들이 기대했던 모습이 아니기 때문이다.

가만히 앉아 있는 훈련 못지않게 자신의 목소리를 내는 일은 중요하다. 특히 여자아이들한테 더 중요하다. 만일 여자아이들에게 큰 소리를 내지 말라고 가르친다면 어떻게 될까? 남자아이들은 크게 외쳐도 되고 여자아이들은 조용히, 그저 가만히 앉아 있어야 하는 사람들이라는 패턴을 강화시키는 위험이 따를 수 있다. 여자아이들이 진짜 말처럼 소리를 낼 수 없을지는 모르지만 사납고 위협적일 수는 있다.

시끄러운 남자아이들을 그냥 내버려 두는 행위는 그들에게도 바람직하지 않다. 많은 어른들이 큰 목소리로 떠들거나 마구 소리 지르는 아이들로부터 귀를 닫는다. 아무도 듣지 않으니까 아이들은 더 큰 소리를 낸다. 이것은 아이들을 망치는 길이다.

성평등 솔루션

- 모든 아이들, 특히 여자아이들에게 자신의 공간에서는 시끄럽게 떠들어도 된다고 하세요. 사자 소리 흉내 내기, 거대한 괴물처럼 걷기 등 여자아이들도 자신의 몸과 목소리를 사용할 수 있어야 합니다.
- 일상적인 대화에서는 목소리를 낮추라고 하세요. 예를 들어 "소리 조절 버튼이 어디 있더라? 귀에 있나?"라고 하면서 자기 귀를 조금 돌려 목소리를 낮춥니다. 아이에게 목소리와 관련된 놀이를 하고 싶은지 귓속말로 물어보세요.
- 아이가 큰 소리로 말하거나 소리를 지르나요? 그러면 어른들 목소리도 덩달아 커지겠죠? 목소리를 높이기 전에 아이에게 속삭이듯 말해 보세요. 그러면 아이들도 부모나 선생님이 뭐라 하는지 궁금해하며 목소리를 낮출 겁니다.

옛날 옛적에

"즐겨 부르던 노래 열 곡 중 여덟 곡은 남자와 관련 있었어요. 그 사실을 다른 선생님들에게 말해 줬지만 다들 무덤덤했어요. '그게 뭐 어때서?'라는 반응이었죠."

- 요세핀, 교사

"사려 깊고 상냥한 남자아이는 아동 도서에서 왜 보기 힘들까요?"

- 헬렌, 1·3·5세 아동의 부모

"여자애가 주인공인 영화는 안 보고 싶어요."

- 세바스티안, 5세 아동

어린아이들이 가족이나 넓은 세상을 알아 가는 방법으로 독서만 한 게 있을까? 아이들은 이야기를 통해 많은 것을 배운다. 처음 접한 유아 그림책에서 비행기와 고양이를 알게 되고, 좀 더 긴 이야기에서 착한 사람이 누구인지 또 나쁜 사람이 누구인지 배운다.

■ 대중매체에 남성은 직업을 근거로, 여성은 가정 내 역할을 근거로 표현된다.
– 커린 밀레스, 《평등 언어》, 2008

■ 대부분의 그림책들은 독립적이고 뛰어난 능력을 가진 사람은 남성으로 표현하고, 부드럽고 친절한 사람은 여성으로 그린다.

– 레나 코레란드, 《용감무쌍하거나 얌전하거나》, 2005

잘 팔리는 책들은 대개 남자아이가 주인공이에요.

책은 늘 세상에 관한 평가, 이상 그리고 아이디어를 퍼뜨리는 중요한 수단으로 존재해 왔다. 이야기는 아이들에게 영향을 주었고, 영감을 불어넣었으며, 귀감이 되었다. 그런데 우리는 종종 아이들 책을 완전히 반대로 이해하거나 내용에 대해 깊이 생각하지 않는 것 같다. 만일 우리가 자세히 들여다봤더라면 여자아이보다 남자아이가 주인공으로 더 많이 나왔음을 인식했을 것이다.

많은 그림책들에는 전통적인 성역할의 모습이 투영돼 있다. 아이들을 위한 그림책을 보면 여자아이들에 비해 남자아이가 주인공인 경우가 약 두 배나 더 많다. 또한 남자아이와 여자아이를 묘사할 때도 같은 패턴이 이어지고 있다. 여자아이들은 수동적이고 감정적이며, 조심스럽고 착하다. 또 돌보려는 성향이 강하고 사랑스러우며 예쁘다. 반면 남자아이들은 적극적이고 강하며, 용감하고 힘이 세다.

동화 세계도 마찬가지다. 묘사된 감정을 보면 성별을 알 수 있을 정도다. 동화 속 여자아

스웨덴 아동 도서의 주인공 현황

연도	여자	남자	커플
2006	38%	54%	8%
2007	37%	56%	7%
2008	43%	50%	6%
2009	32%	58%	11%
2010	38%	52%	10%
2011	34%	58%	8%
2012	39%	56%	5%
2013	35%	56%	9%
2014	41%	52%	7%
2015	47%	48%	5%
2016	39%	41%	20%

– 스웨덴 아동도서협회의 도서 통계

이들은 역경에 처했을 때 두려워하거나 슬퍼하거나 불안해하거나 마음의 동요를 일으킨다. 반면 남자아이들은 실망하거나 화를 내거나 불쾌해한다. 나비, 새, 고양이 같은 동물들은 대개 암컷이고 사자, 곰, 호랑이처럼 위험한 동물들은 대개 수컷으로 등장한다. 여자가 악당으로 등장하거나 남자가 귀여운 요정으로 등장하는 일은 아주 드물다.

이야기 속에서 여자아이들과 남자아이들이 활동하는 장소도 장난감 생산업자들의 마케팅 전략과 일치하는 것 같다. 남자아이들은 넓은 바깥세상을 돌아다니며 자신의 한계점을 시험해 보는 반면, 여자아이들은 내 집처럼 편안하고 안전한 공간에 머물며 규칙을 따르는 모습으로 그려진다.

만화 애니메이션 세계에서는 더욱더 이분법적으로 구분돼 있다. 여자아이들은 바비, 팅커벨, 백설공주 같은 만화에 맞춰진다. 반면 스파이더맨, 배트맨, 아이언맨 같은 만화는 남자아이들을 연상시킨다. 포켓몬, 곰돌이 푸, 도날드 덕, 톰과 제리 같은 만화들이 모든 아이들을 고려하는 것처럼 보이나, 주인공은 거의 남자다. 여자아이들은 어쩌다 한 번씩 얼

- 2015년 스웨덴 뉴스에 참여한 사람들 중 69%가 전문가였고, 그중 79%가 남성이었다. 남성을 인터뷰하거나 기사화한 경우를 보면 정치 관련 뉴스가 66%, 경제 관련 뉴스가 72%였다.
  – 여성 참여율, 미디어 감사 2015
- 2014년 전 세계 뉴스에서 전문가로 등장한 사람들 중 80%가 남성이었다. 그리고 대중매체가 다룬 주요 인물들 중 76%가 남성이었다.
  – Whomakesthenews.org
- 1990년부터 2004년 사이에 미국에서 상영한 아동 영화에 등장한 인물들 중 72%가 대사가 있는 남자아이, 남성 또는 수컷이었다.
  – ETC(스웨덴 신문) 23호, 2006

데이지는
도날드의 여자 친구로
잠깐 등장해요.

옛날 옛적에 한 아주머니가 우주여행을 떠났어요.

아빠, 그림을 보면 아주머니가 아니잖아요! 콧수염도 있고
우주복도 입었잖아요. 우주인은 남자예요!

음…, 콧수염이 난 우주인 아주머니야.

굴을 내미는 조연일 뿐이다. 동화책과 만화책에 나오는 괴물들도, 어린이용 방송 프로그램과 영화 속 주인공들 대부분도 남자다.

아이들에게 책과 영화는 매우 중요하다. 아이들은 놀면서 영감을 얻기도 하고, 정체성 형성을 돕는 롤모델을 발견하기도 한다. 여성적 또는 남성적 이미지는 아이들에게 영향을 미친다. 이야기와 환상의 도움으로 계속 반복하고 새로운 것을 창조함으로써 우리는 아이들에게 더 많은 롤모델을 제시하고, 살아가면서 필요한 여러 가지 방법들을 알려 줄 수 있다.

성평등 솔루션

- 아이들과 함께 책, 신문, 영화 속 사건들을 주제로 이야기를 나눠 보세요. 사건 내용이 겉보기와 다를 수 있으며, 일방적으로 표현된 것일 수도 있다고 설명해 주세요.
- 등장인물의 성별을 남자는 여자로, 여자는 남자로 바꿔 보세요. 또는 성중립적(중성적) 단어를 사용해 이야기를 전개해 보세요. 전체 내용에 어떤 영향을 미치나요?
- 동화나 만화 속 주인공에게 아이의 이름을 붙여 보세요. 주변 인물들은 친척이나 친구의 이름으로 대체하세요.
- 아이와 함께 이야기를 그림으로 그려 보세요. 아주 흥미로운 모험과 상상력이 그림을 가득 채울 겁니다.
- 다양한 종류의 책, 잡지, 영화를 선택하세요. 그러면 현실에 대한 시각이 좀 더 넓어지며, 흥미로운 롤모델 또는 정체성을 확립하는 데 도움이 될 인물을 찾기가 쉬워집니다.
- 전형적인 성역할 기준과 고정관념을 주입하는 책이나 영화는 가급적 선택하지 마세요.

• 책장에 꽂힌 책들을 조사해 보세요. 다음 표를 이용해 아동 도서 주인공으로 여자아이/여성/암컷이 얼마나 많이 등장하는지, 또 성중립적 주인공이 얼마나 자주 등장하는지 조사해 보세요. 주인공을 도와 이야기를 이끌어 가는 조연도 조사해 보세요. 그러면 여자아이와 남자아이 그리고 여성과 남성이 어떻게 표현돼 있는지 알 수 있습니다. 같은 방법으로 어린이용 영화나 방송 프로그램도 조사해 보세요.

	여자아이 여성 암컷	남자아이 남성 수컷	성중립적 인물 또는 동물
주인공			
조연			
성격			
감정			
의상 및 색상			
직업			

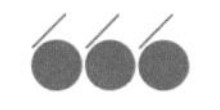

여자아이 방, 남자아이 방

"제 딸은 늘 똑같은 장난감만 가지고 놀아요. 축구도 할 수 있는데, 왜 안 하는지 모르겠어요. 제가 축구공을 꺼내 오면 정말 즐거워해요."

- 시시, 4세 아동의 부모

"아들 방은 장난감들이 뒤죽박죽 엉망이에요."

- 말린, 3세 아동의 부모

공간에는 공간 그 이상의 의미가 담겨 있다. 서로 다른 공간은 여러 물건들로 채워진다. 체육관은 운동과 활동을 이끌어 내는 반면 책상과 의자가 있는 교실은 정적인 모습을 요구한다. 공간은 놀이를 하는 아이들이 창조적으로 행동하도록 만들며 정체성을 찾는 데 도움을 주지만, 천편일률적인 역할을 재현시키기도 한다. 공간에 놓인 장난감이 무엇인지, 또 눈앞에 있는 물건이 무엇인지에 따라 아이가 가지고 노는 장난감도 달라진다.

최근에는 인테리어 유행이 아이들 방에도 상륙했다. 부모가 읽는 신문과 인테리어 잡지는 멋진 방, 예쁜 방, 흥미진진한 방을 꾸미는 방법에 대한 조언들로 넘쳐 난다. 방의 주인이 여자아이인지 남자아이인지를 염두에 둔 인테리어임은 확실하다. 보통 여자아이 방은 얇고 가벼운 재료와 밝은 색깔로 표현된다. 반면 남자아이 방은 모험과 스포츠를 떠올릴 수 있도록 꾸며진다.

하지만 인테리어 기사는 그 공간이 어떤 재능, 어떤 느낌, 어떤 역할과 어떤 놀이에 영감을 주는지에 대한 내용은 거의 다루지 않는다. 창의적이고, 주의 깊고, 발명의 재능을 키우고, 기발하고, 창조적이고, 정리정돈을 잘하고, 침착하거나 육체적으로 활동적인 아이들이 되도록 공간이 그 역할을 다해야 하지 않을까?

성평등 솔루션

- 장난감을 재배치하세요. 그러면 아이들은 새로운 방식으로 가지고 놀 겁니다. 인형은 레고통에, 액션 인형은 인형통에 그리고 책은 정리함에 두세요. 드릴을 인형 침대 옆에 걸어 둘 수도 있겠죠. 장난감 오븐을 침실로 꾸며 배트맨 시리즈에 등장하는 인형들을 넣어 둘 수도 있습니다.
- 아이 방의 가구를 재배치하세요. 그러면 새로운 놀이를 떠올릴 수 있습니다.
- 아이가 놀이를 시작하는 데 어려움을 겪나요? 장난감을 좀 치우고 빈 공간을 만들어 상상력을 발휘할 수 있게 하세요.
- 장난감이 어떻게 배치돼 있는지 살펴보세요. 어떤 것들이 손에 잘 잡히는 곳에 있나요? 또 상자가 너무 높은 곳에 있지는 않나요? 틈틈이 자리를 바꿔 주세요.

남자아이 선물로 딱 좋아!

"제 딸은 항상 선물로 귀여운 동물과 인형 액세서리를 받고, 아들은 자동차와 레고를 받아요. 아이들이 다른 종류의 선물을 받고 싶다고 친척들한테 늘 말하지만 아무 소용없네요."

- 로타, 5·8세 아동의 부모

"두 번째 생일 선물로 아스트리드에게 인형 유모차를 사 주고 싶어."
"엄마, 정말 고맙지만 잘 가지고 노는 유모차가 있어요. 하나 더 놓을 자리도 없고요."
"아이들이 걸음마를 배울 수 있는 장난감은 그런 종류밖에 없잖아."
"네. 하지만 지금 가진 인형 유모차로도 충분해요."
"그 애에게 줄 인형 유모차를 이미 골라 놓았는데…. 여자애들이 정말 좋아하는 유모차란다."

이제 선물 포장을 열어 볼 시간이다. 어른 아이 모두 기대감에 부풀어 있고, 반짝반짝 빛나는 아이의 눈은 어른들의 시선을 따라 움직인다. 우리는 아이가 그 선물을 받고 좋아하기를 바란다.

■ 장난감을 대하는 어른들 태도가 아이의 장난감 선택에 영향을 준다.
– 안데쉬 넬손·크리스테르 스벤손, 《놀이에서 아이와 장난감 그리고 학습》

■ BR–렉사케르 홈페이지에서 장난감을 찾을 때는 남아용인지 여아용인지 반드시 구별해야만 했다. 여러 사람들이 민원을 제기한 후에야 이 성별 표시가 없어졌다.

가족과 친지들은 손주나 조카를 사랑하는 마음에 자주 선물 보따리를 보낸다. 그런데 그들이 주는 선물이란 게 대개 비슷하다. 위험부담이 적은, 판에 박힌 선물들은 많은 사람들의 경험에서 얻어진 결과물이다.

물론 여자아이에게 포근한 동물 인형이나 소꿉을 선물하고 남자아이에게 공룡이나 레고, 무선조종 자동차를 선물하는 게 잘못이라는 얘기는 아니다. 선물을 고르는 건 여간 스트레스 받는 일이 아니어서 좀 진부해도 눈앞에 놓인 장난감을 선택하기 쉽다. 하지만 선물을 받는 아이들은 어떨까? 가지고 노는 인형이 다섯 개나 되고, 트럭이 일곱 대나 된다면 싫증이 날 만도 하지 않을까? 아마 아이들은 다른 도전을 경험할 수 있는 선물에 더 열광할 것이다.

성평등 솔루션

- 친척과 친구들에게 어떤 선물이 좋은지 미리 알려 주세요. 그 선물을 받은 아이들은 환호성을 지를 겁니다.
- 넘쳐 나는 인형, 자동차, 크레파스를 또 선물받았다면 다른 물건으로 교환하세요. 사이즈가 안 맞는 옷을 교환하는 것과 다르지 않습니다.
- 경험과 추억을 선물하세요. 선물이라고 해서 항상 물건일 필요는 없습니다. 영화 보기, 빵 굽기, 공원 피크닉 같은 활동도 아이에게 유익한 선물이 될 수 있습니다. 함께 시간을 보내는 것 자체로 의미가 큽니다.
- 일상적인 놀이 외에 다른 행동을 유도할 수 있는 장난감을 선물하세요. 반짝거리는 나비 날개가 남자아이의 마음을 사로잡을 수도 있고, 소리 나는 방귀 방석이 여자아이를 깔깔 웃게 할 수도 있습니다.
- 남자아이에게 '여자아이 장난감'을 선물해 보세요. 여자아이에게는 '남자아이 장난감'을 줘야겠죠. 장난감 업체의 마케팅에 휘둘리지 마세요.

와, 드래곤 의상이네!

오! 정말 예쁜
바비 인형을 받았네.

생일 파티에서 어떤 선물은 어른들조차 감탄하게 만든다. '와!', '아!' 하는 감탄사가 많을수록 아이들의 관심은 더 커진다. 어른들 반응을 봤을 때 의미 있고 괜찮은 선물이니까 나도 좋아해야지, 싶은 것이다. 우리는 여자아이 또는 남자아이가 분명 좋아할 거라 생각하는 물건을 보면 흥분하는 경향이 있다. 사실 이게 문제다.

우리가 어떤 물건을 칭찬하면 아이들도 좋은 물건이라고 생각한다. 비즈 공예 재료를 선물받고 기뻐하는 남자아이는 많지 않으며, 찰흙을 받아 들고 열광적인 반응을 보이는 어른들도 얼마 없을 것이다.

와! 배트맨 자동차를
받았구나. 멋지다!

아이들은 어른들의 검증을 받은 것인지, 안 받은 것인지 재빨리 알아챈다. 또한 아이들은 이러한 검증을 받았으므로 어떻게 하면 되는지, 또 어떤 표정을 지으면 되는지를 금방 배운다. 우리는 간접적으로 자신이 좋다고 생각하는 것을 전달할 뿐 아니라 아이들이 어찌하면 좋은지를 알려 주고 있다.

퍼즐이네.
음, 좋은 선물이야.
음료수 마실 사람?

성평등 솔루션

- 선물 포장을 직접 풀고 안에 뭐가 들어 있는지 발견하는 과정은 꽤나 흥미진진합니다. 아이가 선물을 열어 볼 때는 시간을 충분히 주세요. 그래야 아이가 선물받는 순간을 온전히 경험할 수 있습니다.
- 선물들을 단순히 '많다' 또는 '적다'로 표현한 뒤 아이들이 어떤 반응을 보이는지 살펴보세요.

  "네 생일 선물 좀 봐. 엄청 많아."
- 첫 번째 선물에 아이의 관심이 온통 쏠렸다면 다른 선물들은 다음 날 열어 보세요. 선물 확인은 아이의 속도에 맞춰야 합니다.

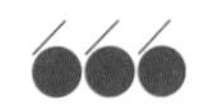

아는 놀이가 이것뿐이니?

"아들에게 인형을 사 주었어요. 물론 남자아이용 인형이었죠. 아들은 인형을 가지고 잠깐 놀다가 그냥 바닥에 던져 버리더라고요. 그러고는 눈길도 안 줬어요."

- 노미, 4세 아동의 부모

"할아버지와 할머니는 스밀라가 방문할 때마다 인형과 인형 유모차를 내놓으세요. 그런데 사촌 막스한테는 블록을 꺼내 주시더라고요. 좋은 의미로 그러셨겠지만, 마음이 좀 무거웠어요."

- 구스타브, 2세 아동의 부모

"유치원에서 남자아이들은 큰 소리로 떠들고, 고삐 풀린 망아지처럼 뛰어다닌대요. 그냥 그렇게 행동한대요."

- 펠리시아, 3·4세 아동의 부모

아이들에게 물감을 처음 줬을 때를 떠올려 보자. 아마 다들 물감으로 그림을 그리려면 붓과 물통, 종이가 필요하다고 설명하면서 행동으로 보여 줄 것이다. 먼저 붓을 물에 담갔다가 꺼내 물감을 묻히고, 그 붓을 사용해 종이 위를 칠하는 것이다. 이렇듯 처음 보는 물건을 사용할 때는 먼저 제대로 된 설명을 들어야 한다.

그런데 우리는 가르쳐 주지 않아도 여자아이들은 인형을 가지고 노는 방법을 알고, 또 남자아이들은 자동차를 가지고 노는 방법을 알고 있다고 생각하는 것 같다. 그 때문에 아이에게 놀이에 대해 설명해 줘야 한다는 사실을 자꾸 잊어버린다.

■ 여자아이들은 인형을 가지고 노는 걸 좋아하고, 남자아이들은 '와와' 소리 지르며 부수는 놀이에 흥미가 있다. 이건 아주 자연스러운 행동이다.
– BR-렉사케르

아이들이 새로운 놀이 재료에 대한 설명을 듣지 못한다면 아마 그것을 자신이 아는 방법으로 가지고 놀 것이다. 인형과 동물에게 밥을 해 주거나 돌보는 놀이에 익숙한 아이들은 블록으로 음식을 만들지도 모른다. 또 블록 조립이 익숙한 아이들은 인형을 어디에 둬야 할지 몰라 그냥 옆에 눕혀 놓을 것이다. 그 모습을 보고 우리는 다소 의식적으로 훈수를 두면서 완고한 성역할을 재현해 낸다.

아이들의 놀이를 확장시켜 주려다 실패할 경우 우리는 종종 생물학적 성향 때문에 아이들의 행동을 바꾸기 힘들다고 확신한다. 그러나 좋아하는 일을 하다 보니 습관이 된 어른들처럼 아이들도 그렇다. 만일 아이들이 레고 블록을 조립하거나 비즈 모자이크 맞추기를 잘한다는 사실을 스스로 인식하고 있다면 쉽게 다른 놀이에 관심을 보이지 않을 것이다. 자신이 잘하는 일을 계속 하고 싶을 테니까 말이다.

무엇이 성공이고 실패인지에 대한 명확한 규정이 있는 경우 우리는 새로운 것을 시도해 볼 마음을 잘 가지지 않는다. 두렵기 때문이다. 성공 여부는 결과가 말해 준다. 예를 들어 멋진 그림을 그리거나 빠른 속도로 달리면 성공이다. 우리는 보통 성공이라는 결과를 보고 새로운 것들을 발전시키고 배우는 아이의 능력을 판가름한다. 만일 우리가 그림을 그리거나 빨리 달리는 느낌, 즉 아이의 경험에 초점을 맞춰 판단했다면 어땠을까? 그랬다면 아이들은 제한된 역할만 받아들일 필요 없이 새로운 놀이를 마음껏 시험해 볼 수 있었을 것이다. 가능성을 보여 주면서 말이다.

일반적으로 사람들은 자신이 확신하는 것들을 문제 삼거나 자극하기 싫어한다. 이것은 자기만족에 불과하다. 여자아이들은 선천적으로 돌보는 일에 능숙하다고 생각하는 사람들은 아마 그 애들이 자동차보다 인형을 가지고 더 많이 논다는 사실에 주목한 것 같다. 또한 비즈를 실로 꿰어 목걸이를 만드는 놀이보다 자동차 놀이를 즐기는 남자아이들을 더 쉽게 만날 수 있다고 생각한 것 같다.

성평등 솔루션

- 전통적인 여자 장난감을 남자아이들에게 시간을 들여 소개해 주세요. 또 전통적인 남자 장난감을 여자아이들에게 같은 방법으로 소개해 주세요. 가장 좋은 설명은 함께 놀면서 장난감 사용법을 알려 주는 겁니다. 어떻게 갖고 노는지 또는 이렇게 갖고 놀면 안 된다고 말이죠.
- 전통적인 남자 장난감을 남자아이에게 소개할 때는 가급적 짧게 설명하세요. 전통적인 여자 장난감을 여자아이에게 소개할 때도 마찬가지입니다. 많이 들어 잘 아는 내용일 테니까요.
- 모든 일은 타이밍이 중요합니다. 때때로 아이들은 새로운 장난감이나 놀이를 낯설어하며 받아들이지 않습니다. 그럴 때는 조금 기다렸다가 나중에 다시 시도해 보세요.
- 놀이에 대한 자세를 달리해 보세요. 영 내키지 않는 놀이를 해 보거나 아이는 재밌어하는데 부모는 지겨운 놀이를 해 보세요. 아이들의 세계를 더 잘 이해할 수 있을 겁니다.
- 놀이 중인 여자아이나 여성스럽지 않은 당신의 행동을 따라 하는 여자아이의 모습을 눈여겨보세요. 남자아이들도 마찬가지입니다. 아이들의 행동을 '언어'로 표현해 보세요. 하나의 기준이 될 수 있습니다.

자동차만
가지고 노네.

타고난 게 분명해!
부우웅

좋아하는 아이의 이름은?

"집에 온 레야가 유치원에서의 일을 들려줬어요. 아이들이 돌아가면서 누구를 좋아하는지 말했대요. 레야는 특별히 좋아하는 아이가 없어서 그냥 가만히 있었는데 선생님 표정이 어둡더래요. 아마 제 딸이 남자애들 중 한 명을 선택할 거라고 생각했나 봐요."

- 캄린, 5세 아동의 부모

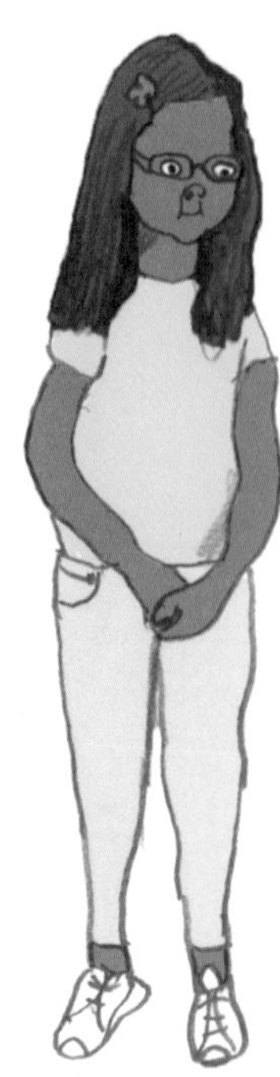

집과 유치원에서 하는 노래와 놀이들 중에는 아이들이 이성애자이거나 이성애자가 되어야 한다는 생각에 기초한 것들이 많다. '브로 브로 브레이야Bro bro breja'는 누가 누구를 좋아하는지 말하는 스웨덴의 전통 놀이다. 사랑하는 사람의 이름을 말해도 된다는 것은 물론 멋진 일이다. 하지만 왜 꼭 아이가 여자애와 남자애 중에서 선택해야만 할까? 우리는 왜 그 아이가 자신과 다른 성을 가진 아이를 골라야 한다고 생각하는 걸까?

노래 내용은 이렇다. 가운데 서 있는 아이가 남자일 경우엔 "그녀 이름이 뭔가요?"라고 묻고, 반대로 가운

예쁜아,
네 이름이 뭐니?
필립이에요.

데 서 있는 아이가 여자일 경우엔 "그의 이름은 뭔가요?"라고 묻는다. 이처럼 아이들이 즐기는 노래와 놀이들 상당수가 이성애 중심적이다. 실제로 우리는 아이들에게 뭘 전달하는지 깊이 생각해 보지도 않고 노래를 따라 부르고 있다.

우리가 물어보는 방식과 내용은 아이들이 이성애자이거나 앞으로 이성애자가 될 거라는 생각을 전제로 한다. 그러나 우리는 선입관 없이 아이들을 만나야 한다. 이성애 중심적 사고에 도전하는 간단한 방법은 '그녀'와 '그'를 '그 사람'으로 바꾸는 것이다. '그 사람'은 당연히 모든 사람을 가리킨다. 그러면 누구든 자신이 원하는 사람을 자유롭게 선택하는 일이 더 쉬워질 것이다.

우리는 누군가를 사랑하는 일을 왜 중요하게 여기고, 또 궁금해하는 걸까? 아이들이 여자와 남자 중에서 한 명을 선택하기를 바라는 것 말고도 우리는 노래와 놀이를 통해 그 애들이 단 한 아이만 사랑해야 한다고 자주 이야기한다. 이러한 배경에는 사랑, 로맨스는 한 사람하고만 이루어져야 한다는 생각이 자리하고 있다.

오직 한 사람만 사랑해야 한다는 생각, 여기서 우리가 놓치고 있는 것은 뭘까? 사랑은 여러 형태로 나타난다. 어른들처럼 아이들도 개방적으로 사랑할 수 있다. 또래 친구, 햄스터, 할아버지 등 동시에 여럿을 사랑하는 일이 아이들에게는 전혀 이상한 게 아니다.

성평등 솔루션

- 아이들은 동시에 여러 사람을 좋아할 수 있으며, 한 사람만을 좋아할 필요가 없다는 사실을 기억하세요. 사랑은 다 좋은 겁니다. 노래나 놀이에 나오는 여자 또는 남자라는 단어를 성중립적 단어로 바꿔 보세요. 노래 가사와 놀이 내용을 글로 써 본 뒤 얼마나 많은 표현들이 이성애와 관련 있는지 살펴보세요. 성중립적 표현 또는 남자가 남자를, 여자가 여자를 좋아하는 경우를 표현한 단어를 사용해 보세요. 책이나 옛날이야기에도 적용해 보세요.
- 아이가 좋아하는 사람이 누구인지 표현할 수 있는 노래나 놀이를 찾아보세요. 그 대상은 자기 자신뿐 아니라 부모, 형제자매, 친구 등이 될 수 있겠죠.
- 아이가 누구를 좋아한다거나 사랑한다고 말할 때, 굳이 아이가 밝히지 않으면 성별을 묻지 마세요.

  "좋아하는 사람이 있어요!"
  "누군데? 그 애 이름을 알려 줄 수 있어?"

Key Point

평등한 놀이

놀이 참여자, 놀이 재료, 놀이 형태의 상호작용을 통해 아이가 할 수 있는 행동이 정해진다. 만일 우리가 놀이를 통해 성평등을 실현한다면 '여자용·남자용 장난감'이 아닌 '장난감'만 존재할 것이다. 옛이야기나 동화도 일부 아이들이 아닌 모든 아이들이 주인공으로 등장할 수 있을 테고, 집 안이나 세상 밖에서 모든 아이들이 탐험을 떠날 수 있을 것이다. 아이들은 독립적인 개체인 동시에 배려심 깊은 관계 전문가가 되고, 경계를 뛰어넘는 개체인 동시에 포용력 있는 관계 전문가가 되는 연습을 할 기회를 얻게 될 것이다.

놀이를 하면서 아이들은 큰 동작과 작은 동작을 자유자재로 연습하고, 몸싸움이나 포옹도 할 수 있다. 놀이를 통해 성평등을 경험한 아이들은 여러 역할과 상황에 맞닥뜨렸을 때 보다 안정적인 모습을 보인다. 상상력 또한 마음껏 발휘된다. 아이들의 상상 속에서 갓난아이는 제트기보다 빨리 날고, 스파이더맨은 기막히게 맛있는 팬케이크를 굽는다.

여자는 분홍색, 남자는 파란색

– 옷에는 아들딸 구별이 없어요

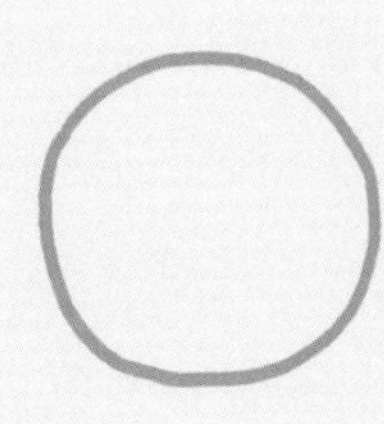

분홍색 또는 파란색

"남자아이와 여자아이의 차이점을 알면 알수록 흥미로워요. 저는 아들에게 파란색 옷을 자주 사 줘요."

- 브리트-마리, 3세 아동의 부모

"제 아들은 연분홍색 스웨터를 입고 싶댔어요. 저는 아들이 놀림을 당할까 봐 연분홍색 스웨터가 다 팔려서 없다고 거짓말을 했어요. 대신 저는 녹색 스웨터를 샀어요."

- 안니카, 4세 아동의 부모

네 살 아이도 연분홍색은 여자아이의 색깔이고 파란색은 남자아이의 색깔이라는 데 동의한다. 그게 맞는지 확인하려면 놀이터에 가 보면 된다. 짙은 감색, 갈색, 검은색, 회색, 초록색 옷을 입은 아이들은 대개 남자다. 반면 연분홍색, 보라색, 빨간색, 노란색 옷을 입은 아이들은 대개 여자다.

뿐만 아니라 유모차, 이불, 기저귀 가방조차 성별에 따라 색깔이 정해진다. 여자아이의 옷과 용품들은 보통 '따뜻한' 색이라 불리는 붉은 빛깔을 띤다. 남자아이는 반대로 '차가운' 색을 좇는 경향이 있다. 남자아이 옷은 어둡고 우중충한 느낌인 반면, 여자아이 옷은 흰색이 더해져 몇 배나 밝고 화사하다. 무지개를 이루는 다양한 색들이 여자아이 옷에는 있다. 만일 어떤 곳에 아래위가 붙어 있는 파란색 방한복이나 초록색 옷을 입은 여자아이가 온다면 아무도 눈썹을 추켜세우지 않을 것이다. 하지만 연분홍색 점퍼나 보라색 바지를 입은 남자아이가 나타난다면 이목이 집중될 것이다.

> 아이가
> 아들인지 딸인지도 모르는데,
> 벌써 이불을 샀어요?

어쩌면 부모도 남자아이에게 밝고 맑은 색상의 옷을 입히고 싶다는 마음이 있을지도 모른다. 하지만 찾기 힘들어서 그냥 어둡고 차가운 빛깔의 옷을 선택하고 만다. 남자 옷은 선택지가 제한적이기 때문이다.

어른들 세계에서 어두운 색깔은 계급, 권력, 전문성과 관련 있다. 양복 색상이 빨간색, 연분홍색, 초록색, 하늘색일 경우는 아주 드물다. 한편 어릿광대는 늘 밝고 맑은 색의 옷을 입는다. 우리는 아이를 어떤 가치로 판단해야 할까? 따뜻한 색에 얇고 가벼운 소재로 만든 옷을 입은 아이들이 차가운 색에 거친 소재로 만든 옷을 입은 아이들보다 성격이 더 온화할까?

■ 다채로운 색들은 문화에 따라 다른 의미를 가진다. 서양의 경우 흰색은 순진함, 검은색은 힘과 위험, 노란색과 오렌지색은 에너지와 활동, 분홍색과 파스텔 톤의 밝은색은 연약함, 녹색은 환경과 자연, 파란색은 신뢰와 안전, 빨간색은 활동과 정열과 드라마틱한 삶을 뜻한다.
– 마르쿠스 얀케, 《형태 짓기와 규범 짓기》, 2006

색깔 선택은 실용적인 결과다. 얼룩이 생길 경우, 어두운색보다 밝은색에서 눈에 더 잘 띈다. 그래서 밝은색 옷을 입은 아이들은 때가 묻지 않도록 몇 배는 더 조심한다. 보통 물웅덩이에서 뛰놀거나 숲에서 뒹굴 때 입는 옷들은 어두운색 계열이다.

성평등 솔루션

- 이번에 파란색 옷을 샀다면 다음번에는 다른 색깔의 옷을 사세요.
- 가게에서 파는 남자아이들 옷 색깔이 다양하지 않다면 직원에게 다른 색깔이 없는지 물어보세요. 여자아이 옷을 파는 가게에서 찾아보는 것도 한 방법입니다.
- 전통적으로 남자아이 색 또는 여자아이 색으로 인식되는 색깔들을 골고루 선택해 아이에게 주세요. 파란색과 분홍색, 검은색과 보라색, 초록색과 오렌지색 또는 노란색을 잘 매치해 보세요.
- 아이와 함께 물감으로 옷에 그림을 그려 보세요. 대부분의 아이들은 직접 만든 무늬, 반짝이, 스팽글에 관심을 보입니다.
- 색깔이 가진 의미를 두고 아이들과 실험해 보세요. 분홍색과 오렌지색이 위험한 색깔이고, 밤색과 검은색이 안전한 색이라고 말해 주세요.

왜 남자 아이한테 분홍색 모자를 씌웠어요?
이 애 취향이에요.

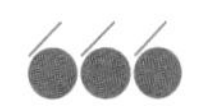

왜 마음대로 못 입죠?

"리사, 바지 좀 추켜올리렴. 엉덩이가 보이게 입으면 바보 같다니까. 그것만 주의하면 네 바지는 정말 예뻐."

- 젠스, 5세 아동의 부모

아동복 사이즈의 기준은 센티미터다. 예를 들어 '110' 사이즈는 키가 110센티미터인 아이들을 위한 옷이다. 그런데 같은 디자인, 같은 사이즈의 옷이라도 여아용이 남아용 아동복보다 작다. 길이와 너비의 차이가 눈에 보일 정도다. 이 말은 키가 110센티미터인 여자아이가 똑같이 110센티미터인 남자아이보다 작다는 의미일까?

또한 남자아이 옷들은 헐렁하고 큼지막하다. 원단도 튼튼하고 질기다. 특히 무릎과 팔꿈치 부분은 심하게 움직여도 늘어나거나 해지지 않도록 천을 한 번 더 대는 등의 조치를 해 놓았다. 반면 여자아이 옷들은 몸에 딱 맞을 뿐더러 원단도 얇다. 청바지 역시 몸에 딱 맞는 스타일이며, 허리선을 낮춘 로 웨이스트(일명 골반 바지)가 일반적이다. 여기에 길이가 짧고 배 부위만 겨우 가리는 스웨터를 입는다고 생각해 보자. 아마 자유롭게 움직이는 데 제약이 많을 것이다. 조금만 움직여도 옷매무새가 흐트러져 배와 엉덩이가 드러날 수 있기 때문이다.

아동복 생산업체들 중 일부는 여자아이와 남자아이의 옷이 다른 이유는 유행 때문이라고 한다. 몸에 꽉 끼는 디자인이 여자아이들에게 인기 있다는 것이다. 물론 유행이 아닌 다른 중요한 가치를 옷에 반영하는 업체들도 있다. 그러나 보통 여자아이와 남자아이를 염두에 둔 옷들은 만듦새부터 다르다. 모든 아이들이 똑같이 자유롭게 움직일 수 있고, 활동하는 데 전혀 불편함이 없는 옷이라 말하기 어렵다. 모든 아이들이 몸에 잘 맞고 편한 옷을 입을 수는 없을까? 엉금엉금 기어 다녀도, 살금살금 걸어 다녀도, 말썽부리듯 장난쳐도 아무 문제가 없는 옷 말이다.

- "매장 내 품목 대부분은 고객들의 수요와 유행에 따라 결정됩니다."
  – 카팔(아동복 브랜드)
- "여자아이와 남자아이 옷은 패션과 패턴을 고려해 디자인합니다."
  – 린덱스(아동복 브랜드)
- "우리는 옷을 만들 때 패션을 생각하지 않습니다. 패턴과 옷감의 성질을 고려합니다."
  – 폴란오피레(아동복 브랜드)

성평등 솔루션

- 아이가 무엇을 할지 고려해 옷 모양이나 천을 선택하세요. 아이의 움직임을 방해해서는 안 됩니다.
- 여자아이 옷을 고를 때, 좀 헐렁하게 입히려면 큰 사이즈를 선택하세요.
- 레깅스처럼 부드럽고 몸에 꽉 끼는 옷을 남자아이에 입히고 싶다면 여자 아동복 매대에서 찾으세요.
- 아이에게 좋지 않은 영향을 미치는 옷들을 골라 처분하세요.

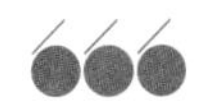

꽃무늬는 여자 옷이야

■ 무민(Moomin)은 핀란드 작가 토베 얀손의 작품에 등장하는 캐릭터다.

"그 모자 말고 스파이더맨이 그려진 걸 쓰렴. 무민 캐릭터보다 이게 더 남자다워!"

– 미케, 3세 아동의 부모

"예쁜 옷을 입은 여자아이들에겐 '와우, 옷이 정말 예쁘구나!'라고 말해 주는데, 남자아이들에겐 아무 말도 안 해요. 터프해 보이는 바지를 입었다는 사실을 남자아이들에게도 꼭 말해 줘야겠어요."

– 샘, 교사

몇 년 전, 스웨덴에서는 해골 그림이 그려진 아동복이 아주 인기를 끌었다. 처음에는 남자아이들 옷에서만 해골을 볼 수 있었는데, 점차 여자아이들 옷에서도 보이기 시작했다. 그런데 디자인이 달랐다. 여자아이 옷에 그려진 해골에는 술과 나비매듭이 달려 있었다. 대체 무슨 일이 생긴 걸까? 왜 본래의 해골 그림이 이렇게 바뀐 걸까?

■ H&M이 출시한 2015년 아동복 컬렉션을 보면 남자아이가 입을 법한 스웨터에 "법은 어기라고 있는 것이다.", "나는 문제아다."라는 문구가 적혀 있었다. 반면 여자아이들을 위한 스웨터에는 "작은 것에서 아름다움을 찾아라.", "동화 같은 삶"이 쓰여 있었다.

일반적으로 남자아이 옷에는 수퍼 히어로나 무서운 동물이 그려져 있다. '와지끈!', '부우웅!', '부르릉!' 같은 단어도 쉽게 볼 수 있다. 하지만 여자아이 옷에는 완전히 다른 그림이 들어가 있다. 고양이·강아지·아기 곰·나비 등 순하고 귀여운 동물들, 반짝이 하트와 꽃 같은 무늬가 인쇄돼 있다.

이처럼 성이 뚜렷하게 구분된 디자인은 아이들에게 은연중에 남녀가 서로 달라야 한다는 사실을 주지시킨다. 이게 함정이다.

비슷한 말

- 터프하다 : 단단하다, 감정이 없다, 어렵다, 냉정하다, 배려심이 없다, 두려움이 없다, 용감하다, 자신감이 넘친다, 깐깐하다, 까칠하다, 목표지향적이다, 인내심이 있다, 강하다 등
- 예쁘다 : 매력적이다, 마음이 곱다, 아름답다, 좋다, 귀엽다, 즐겁다, 편안하다, 기쁘다, 우아하다, 멋지다, 달콤하다, 순하다, 훌륭하다, 애교스럽다 등
- 좋다 : 아름답다, 멋지다, 적당하다, 단정하다, 안목 있다, 우아하다, 특별하다, 화려하다, 시크하다, 훌륭하다, 장점으로 작용하다, 유쾌하다, 편안하다, 재치 있다, 얇다, 날씬하다, 작다, 부드럽다, 어리다, 가늘다, 홀쭉하다, 약하다, 순하다 등
- 쿨하다 : 침착하다, 긴장을 풀다, 차갑다, 냉정하다, 정신을 똑바로 차리다, 잘 처리하다, 안전하다, 이해가 되다, 건드릴 수 없다, 터프하다, 뻔뻔하다, 멋지다, 시원시원하다 등

— www.synonymer.se, 2016

예쁜 고양이 또는 불꽃과 괴물이 그려진 스웨터를 입은 아이들은 어떤 현상을 경험한다. 다른 아이들이나 어른들과 만날 때 완전히 다른 시선을 느끼는 것이다.

옷은 어떤 감정을 불러일으킨다. 고양이가 그려진 스웨터를 입은 아이는 "옷이 참 예쁘네!", "고양이가 아주 귀엽네!" 같은 말을 들을지도 모른다. 반면 괴물이 그려진 스웨터를 입은 아이는 "씩씩하고 활달하네.", "괴물이 무섭네." 같은 말을 들을지도 모른다. 그 아이들은 자신의 배를 덮은 그림에 따라 성격이나 특징이 규정된다. 남자아이들은 터프한 역할로, 여자아이들은 온순한 역할로 덧씌워진다. 그런 기대를 받으며 살아가는 일은 결코 쉽지 않을 것이다.

성평등 솔루션

- 터프한 이미지의 옷과 부드러운 이미지의 옷을 섞어 입혀서 아이들이 일방적인 기대를 받지 않게 하세요. 아이들에게는 다양한 인상이 필요합니다.
- 전통적으로 남자 또는 여자 옷이라고 인식되는 옷들을 매치시켜 보세요. 분홍색 원피스와 짙은 청바지 또는 무서운 그림이 인쇄된 티셔츠와 꽃무늬 레깅스.
- 아이들과 옷에 대해 얘기해 보세요.

  "반짝거리는 강아지가 배에 그려져 있으니, 기분이 어때?"

  "강아지 그림이니? 누가 골랐어?"

  "윗옷에 해골바가지가 전부 몇 개야?"

"배트맨이 화났나 보네. 무슨 일이 생겼나?"

- 예쁘다, 터프하다, 멋있다, 쿨하다 등의 표현을 남녀 아이에게 번갈아 써 보세요.
- 어린아이에게 성별 선입견이 반영된 옷을 입히지 마세요. 어른이나 다른 아이들이 그것에 관해 언급할 때 아직 어려서 대응 또는 수용하지 못할 테니까요. 좀 더 크면 그런 언급에 대해 자신의 생각을 분명하게 밝힐 수 있을 겁니다.

"드레스 입으니까 공주처럼 예쁘네."
"난 용감한 아이예요. 이 드레스는 강력한 힘을 주거든요."

"모자에 거미가 있네. 아유, 무서워."
"무섭지 않아요. 이 모자는 날 따뜻하게 해 줘요."

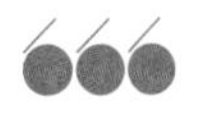

와우, 참 예쁘구나!

"딸이 리본이나 구슬 달린 드레스를 입으면 예쁘다는 소리를 바로 들어요. 할머니를 비롯한 많은 어른들이 칭찬해 주죠. 물론 아들이 드레스를 입거나 머리핀을 꽂아도 예쁘다는 말을 듣겠죠. 평소에는 절대 들을 수 없을 테지만요."

- 안젤리카, 3·6세 아동의 부모

"제 딸은 벌써 어떤 행동이 예쁜지 알고, 주목받을 수 있는 옷을 선택해 입어요."

- 린다, 2세 아동의 부모

"딸아이가 《공주의 첫 번째 책》이라는 그림책을 선물받았어요. 책을 읽는 내내 아이는 공주가 얼마나 아름다운지 또 드레스가 얼마나 예쁜지에 대해 이야기했어요."

- 프레드릭, 1세 아동의 부모

"어느 추운 날, 드레스를 사오지 않았다는 내 말에 딸이 울음을 터뜨렸어요. 닭똥 같은 눈물을 흘리며 아이는 '드레스를 입으면 선생님이 예쁘다고 칭찬해 줘요. 그래서 나도 드레스를 입고 싶어요!'라고 외쳤어요."

- 에밀리아, 3세 아동의 부모

드레스를 입은 여자아이들은 예쁘고, 귀엽고, 아름답다는 말을 듣는다. 머리를 땋아 늘어뜨리거나 머리핀을 꽂거나 목걸이를 차도 마찬가지다. 이건 놀라운 일이 아니다. 보통 드레스와 액세서리는 색이 아름답고 재료 역시 이목을 집중시키기 때문이다.

똑같은 일이 어른들 세계에서도 반복된다. 드레스에 대해 사족이 달리고 평가를 받는다. 노벨상 수상자를 축하하는 만찬 자리부터 이웃집의 식사 초대 자리에서까지 모든 곳에서 드레스에 대한 말들이 오간다. 반면 양복과 턱시도를 두고 이러쿵저러쿵하는 사람들은 거의 없다.

여자아이들은 보통 어렸을 때부터 외모에 대한 평가들을 자주 접한다. 예쁘다는 말에는 긍정적 의미가 담겨 있다. 예쁜 여자는 성공한 여자라는 말과 일맥상통한다. 많은 사람들에게 귀엽거나 예쁘지 않다는 말은 실패했다는 의미처럼 들린다.

수수한 청바지에 스웨터를 입은 여자아이들은 드레스를 입은 여자아이들에 비해 외모적으로 시선을 끌지 못한다. 문제는 대부분의 아이들은 옷이 주목을 받을 뿐 자신들 자체가 평가받는 건 아니라는 사실을 알지 못한다는 것이다. 주목을 받지 못하는 이유가 자신

■ 여성이나 소녀를 위한 대부분의 잡지들은 어떻게 하면 더 예쁘고, 아름답고, 섹시한 외모를 가질 수 있는지에 대해 조언한다. 반면 남성이나 소년을 위한 대부분의 잡지들은 스포츠, 자동차, 낚시, 사냥에 대한 정보를 다룬다.

■ 2008 베이징올림픽 개회식에서 울려 퍼진 소녀의 노래는 립싱크였다. '양'이라는 소녀는 노래를 잘 불렀지만 얼굴이 예쁘지 않았다. 9살 소녀 '린'은 노래 실력은 별로였지만 얼굴이 예뻤다. 개회식 담당자는 더 예쁜 아이가 더 노래를 잘 부르는 아이를 립싱크하게 했다.

이 뭔가를 잘못해서가 아니라는 사실을 이해하는 아이들 역시 아주 적다.

여자아이들의 정체성에는 옷과 외모가 중요한 영향을 미친다. 예쁨이 곧 성공이라는 생각은 많은 여자아이들과 여성들에게 끊임없는 골칫거리를 제공한다. 엄청난 에너지와 시간을 외모에 투자하도록 만든다. 이러한 외모 지상주의는 여자아이와 남자아이 모두에게 여자는 아름다워야 할 의무를 지닌 존재라는 사실을 인식시킨다. 다른 사람들로부터 평가받는 대상이라는 사실은 스트레스를 야기하며, 더 나아가 병적인 식욕 감퇴와 신경성 폭식증과 같은 심각한 질병을 일으킨다. 또한 여성을 대상화하는 사회 분위기와 몸에 딱 달라붙거나 꽉 끼는 옷들은 어린 여자아이의 몸이 성적인 관심을 끌게 만든다. 한 예로, 스웨덴 쇼핑몰 '엘로스'는 2008년 카탈로그에 생후 2개월 된 갓난아이한테 맞는 비키니 수영복(사이즈 62)을 실었다. 그러자 많은 부모들이 강하게 반발하였고, 결국 엘로스는 판매 계획을 철회하였다.

한편, 남자아이들은 외모 평가나 성적 대상화로부터 벗어나 있다. 아직까지는 광택 나고 손바닥만 한 수영복을 입힌 아기를 데리고 마케팅을 하지는 않는다. 오히려 남자아이들은 외모가 아닌 행동에 따라 더 주목을 받는다. 남자아이들은 자신이 주체가 될 수 있다. 동시에 거칠거나 멋져야 하며, 수퍼 히어로처럼 행동해야 한다는 요구를 받는다. 이 역시 간단한 문제는 아니다. 어쩌면 남자아이들도 예쁜 옷을 원하고, 멋있다는 소리를 듣고 싶어 할지도 모른다.

성평등 솔루션

- 모양보다는 기능을 보고 옷을 고르세요. 피부에 닿는 느낌이 좋은지, 나무나 놀이 기구에 오를 수 있는지, 잠잘 때 편한지, 숨기에 적당한지 또는 빨리 뛸 수 있는지 등에 초점을 맞추세요.
- 모든 아이들, 물론 남자아이들도 멋을 부리고 반짝이 금 레이스와 아름다운 색으로 치장할 수 있게 하세요.
- 아이들, 특히 여자아이들에게 외모나 옷 말고 다른 얘기를 하라고 말해 주세요.

  "만나서 기뻐!"

  "안녕! 오늘 날씨가 좋지?"
- 옷을 수학적 또는 과학적으로 표현해 보세요. 외모가 아닌 다른 관점에서 생각할 수 있습니다.

  "이 꼬임은 얼마나 길까?"

  "양말에 그려진 동그라미가 몇 개지? 세어 볼까?"

  "머리핀이 어둠 속에서 빛날까? 한번 확인해 볼까?"

  "이 윗옷은 어떻게 만들어졌을까? 팔과 몸통 부분이 어떻게 연결돼 있을까?"

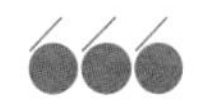

드레스 입은 개구쟁이

"나는 드레스가 좋아요. 예쁘잖아요."

- 다니엘, 3세 아동

"작은 아들이 드레스에 애착을 보여요. 지금까지는 별문제가 없는데, 다들 걱정하는 눈치예요. 저는 괜찮다거나 곧 지나갈 일이라고 둘러대면서 이해해 주는 편이고요."

- 욜리, 4·6세 아동의 부모

"루카스, 빨리 벗어. 아빠가 오셨을 때 네가 드레스를 입고 있다면 얼마나 화내실지 잘 알잖아."

- 안나, 교사

"유치원에서 제 아들의 드레스를 바지 속에 집어넣었더라고요. 놀 때 방해가 된다는 게 이유였어요."

- 카이사, 4세 아동의 부모

"아들이 누나가 입은 드레스와 똑같은 옷을 입고 싶댔어요. 저는 아들이 그 옷을 입고 유치원에 갔다가 놀림을 당할까 봐 두려웠고요. 이럴 때 제가 어떻게 대처해야 할지 모르겠어요."

- 알란, 2·3세 아동의 부모

오늘날엔 바지 입은 여성을 보고 눈을 치켜뜨는 사람은 없다. 하지만 100여 년 전에는 무척 이상한 일로 여겼다. 또한 옛날에는 남자아이와 여자아이 모두 아동용 긴 외투, 즉 드레스처럼 생긴 아동복을 입고 다녔다. 하지만 요즘에는 남자아이와 남성들에게 치마와 드레스는 금기에 가깝다.

대부분의 부모들은 아들에게 치마나 드레스, 반짝이나 꽃이 달린 옷을 사 주지 않는다. 아마도 아이가 놀림을 당하거나 '계집애' 또는 '정신 나간 놈'이라고 손가락질 받을까 봐 걱정해서 그럴 것이다. 왕따당할지 모른다는 두려움도 아들의 옷을 제한하는 이유다.

사람들은 드레스를 입은 남자아이들을 보고 귀여운 어린애쯤으로 여긴다. 그렇지만 시간이 갈수록 남자아이는 남자다워야 하고, 남자 아동복 매대에 놓인 옷들을 입어야 한다고 요구한다. 만일 남자아이가 여자 아동복 매대에서 옷을 고를 경우 무슨 큰일이라도 난 것처럼 군다.

하지만 여자아이가 남자 아동복 매대에서 셔츠나 바지를 사는 일에는 관대하다. 사람들은 말괄량이를 활달하고 긍정적인 의미로 받아들인다. 즉 에너지 넘치고 활동적인 여자아이라는 것이다.

남자아이가 드레스처럼 전통적으로 여자 옷으로 분류되는 옷들을 입었을 때 사람들이 눈살을 찌푸리는 이유는 동성애에 대한 두려움과 관련 있다. 시험 삼아 남자 아동복 코너에 드레스와 낙낙한 가운을 걸어 두면 대다수 아버지들은 화를 낸다. 드레스, 머리핀 같은 것들을 착용하고 있거나 착용하기를 원하는 남자아이들이 동성애자가 될까 봐 걱정해서다.

그러나 드레스 자체는 성적 특질과 아무런 연관성이 없다. 그저 몸에 걸치는 옷에 불과하다. 남성 동성애자라고 해서 드레스 입기를 즐기지는 않는다. 또 이성애자인 모든 여성들이 드레스를 선호하는 것도 아니다.

성평등 솔루션

- 모든 아이들에게 드레스를 입혀 보세요. 드레스를 입고 춤추는 놀이를 해 보세요.
- 드레스에 새로운 의미를 부여해 주세요. 예를 들어 강한 드레스, 용감한 드레스, 기어가거나 뛰어가는 드레스 등이 있겠죠.
- 아이들의 옷을 보고 비웃지 마세요. 전통적인 옷 기준에 맞지 않더라도 그냥 두세요.
- 남자들이 드레스나 치마를 입는 문화, 예를 들어 수도복이나 킬트(kilt) 같은 옷들에 대해 서로 이야기해 보세요.
- 아이와 함께 거슬리는 부분에 대해 이야기해 보세요. 사람들마다 생각이 다 다르고, 모든 사람들이 같은 생각을 할 필요는 없다고 설명해 주세요. 아이들이 기댈 수 있는 모델을 제안하는 것도 좋습니다. 질문이나 의문에 답을 찾을 수 있도록 말이죠.

  "그건 여자애들이나 착용하는 거잖아."
  "아냐, 우리 아빠도 똑같은 거 가지고 있어."

  "치마는 여자애들만 입는 거야."
  "아냐, 스코틀랜드에서는 남자들도 치마를 입어."

- 아이의 의견을 존중해 주면서 그 선택이 당연하다고 말해 주세요. 다른 사람들의 눈치를 덜 본다면 더 안정적이고 강한 자존감을 가진 아이로 성장할 수 있습니다.

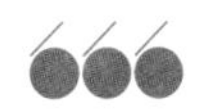

레이스 달린 옷이 그렇게 좋니?

"우리 애는 터프한 옷만 입으려 해요. 검은색이나 어두운색을 좋아하고요. 위험한 동물과 괴물, 해골이 인쇄된 옷이 그렇게 좋대요."

- 아딜, 5세 아동의 부모

"이 옷 저 옷 골고루 사고 싶었는데, 딸아이는 드레스만 고집하네요. 아이와 싸우다가 제가 포기했어요."

- 토비아스, 2·4세 아동의 부모

"저는 옷가게에 아이들을 데려가요. 아이들을 가게 한가운데 세워 놓고 마음에 드는 옷들을 직접 고르게 하죠."

- 요한나, 2·5세 아동의 부모

자유롭게 고르라고 한다면 아이들은 어떤 디자인, 어떤 색상의 옷을 선택할까? 또 어떤 액세서리를 착용할까? 남자아이들은 정말 강렬한 색채와 빨간색 하트를 싫어하고 여자아이들은 항상 장미와 반짝이를 좋아할까? 아니면 절대 자유롭게 선택할 수 없을까?

아이들은 옷이 사람들 반응을 이끌어 낼뿐더러 평가의 열쇠가 된다는 사실을 아주 빨리 배운다. 아이들은 특별한 스웨터를 입었을 때 예쁘다는 소리를 들을 수 있음을 안다. 또 특별한 바지를 입는 즉시 친구들 사이에서 어떠한 지위를 얻게 되는지도 안다. 다시 말해 옷은 안정을 제공하는 갑옷과도 같다.

우리는 옷을 통해 어떤 감정이나 듣고 싶은 말들과 조우한다. 사실 그게 쉽지만은 않다. 만일 잘못된 갑옷을 착용할 경우 자신이 속한 집단에서 제명될 수도 있다. 이러한 이유로 사람들은 불확실한 것보다 확실한 것을 선호한다.

우리는 여러 종류의 옷들을 입어 봄으로써 다양한 역할을 경험해 볼 수 있다. 어두운 색상과 두꺼운 소재의 옷을 입었을 때는 자신이 터프하고 안전하다고 느끼기 쉽다. 반면 밝은 색상과 얇은 소재의 옷을 입었을 때는 자신이 보잘것없고 상처받기 쉽다고 느낀다. 여러 역할을 수행하다가 그만두는 연습, 다양한 느낌을 경험해 보는 것은 삶을 위한 좋은 연습이다. 이를 통해 다른 사람들을 이해할 수 있다. 아이들에게는 일상에서 마주치는 것들을 살피고 받아들이는 훈련이기도 하다.

성평등 솔루션

- 아이들의 옷을 서로 바꿔 입히세요. 그러면 옷의 새로운 역할을 찾을 수 있습니다.
- 바지, 재킷, 드레스, 치마, 목걸이, 신발 등 평소 착용하지 않는 것들을 상자에 넣어 놀이할 때 사용해 보세요.
- 옷의 특징이나 성격에 초점을 맞춰 '재밌는 옷 입기' 날을 만드세요. 빨간 날, 노란 날, 무서운 날, 부드러운 날 등 이름에 맞춰 옷을 입으면 됩니다.
- 지위를 나타내는 상징들의 영향력을 줄이는 방법을 생각해 보세요. 가장 좋은 방법은 많은 아이들이 그 상징을 사용하는 것입니다. 예를 들어 모든 아이들이 분홍색 옷을 입으면 어떻게 될까요?
- 유치원에서 '미용실의 날'을 정해 모든 아이들이 머리핀이나 머리띠 등을 착용하게 하세요. 또 '기술자의 날'을 정해 모든 아이들이 파란 작업복을 입고서 너트를 조이거나 푸는 일을 경험하게 하세요.

누나 옷을 물려줘도 괜찮을까?

일반적으로 아동복 가게는 여자용과 남자용 코너로 나뉘어 있다. 안내판에 명확하게 표시해 놓거나 옷의 형태와 색상을 통해 고객들이 미루어 짐작할 수 있게 해 놓았다. 심지어 갓난아이들 옷도 이렇게 성별로 구분해 놓았다.

몇 년 전까지만 해도 의류에는 여자아이 또는 남자아이 옷이라는 표시가 있었다. 하지만 요즘에는 생산업체들이 나서서 그러한 구분을 없애는 추세다. 옷가게 사장들은 고객들이 요구해서 어쩔 수 없이 성별로 구분해 놓았다고 말한다. 여자 옷, 남자 옷을 섞어 놓으면 고객들의 불평불만이 쏟아진다는 것이다.

여자 아동복과 남자 아동복을 구분하는 또 다른 이유는 수익성 때문이다. 성별에 따라 색상, 디자인, 프린트를 달리함으로써 두 부류의 고객층을 확보할 수 있다. 또한 남매라 해도 서로의 옷을 물려받기 어려울 수 있다. 수요가 많아지니 당연히 수익도 커진다.

이처럼 여자 아동복과 남자 아동복을 각기

- "매장에서 아동복 배치는 고객의 요청에 의해 결정됩니다."
  – 카팔
- "고객의 요청으로 여아복, 남아복을 따로 배치했습니다. 여아복, 남아복 코너를 알려 주는 표지판은 없습니다."
  – 린덱스
- "옷들 중 남녀 구분 없는 유니섹스 의상을 매장 가운데에 배치하고, 그 주변에 남자아이와 여자아이 옷을 진열합니다. 그렇게 해야 한다고 저희는 생각합니다."
  – 폴란오피레

윗옷 좀
보여 주세요.

여자애와
남자애 중 누가
입을 건가요?

다른 코너에 배치함으로써 아이들은 남녀가 어떻게 다른지 배운다. 옷가게가 아이들의 성 정체성 확립에 영향을 미치는 것이다.

최근 들어 기업의 사회적 책임을 강조하는 목소리가 높다. 색상이나 내구성 등에서 별 차이가 없는 아동복을 모든 아이들에게 똑같이 제공하는 것 또한 사회적 책임의 일부이지만, 그렇게 생각하지 않는 기업도 있는 것 같다.

반면 구색을 갖추기 위해 유니섹스 컬렉션을 제공하는 옷가게들은 제법 많아졌다. 물론 아직은 미미한 수준이지만, 그래도 남녀가 함께 입을 수 있는 옷이 생겼다는 것만으로도 충분히 의미 있는 일이다.

소수의 생산자와 가게들은 남녀 겸용 의류를 독자적으로 취급하기도 한다. 아이디어 상품으로 다루는 것이다. 이러한 생각들이 더 많이 받아들여져 남자용·여자용 코너 대신 아동복 코너로 꾸며진다면 어떨까? 상상만 해도 기분이 좋다.

성평등 솔루션

- 옷가게에서 파는 상품에 대한 의견을 피력하세요. 사장이나 직원에게 직접 말할 수도 있고 이메일을 보낼 수도 있습니다. 대부분의 옷가게들은 고객의 요구 사항에 귀 기울입니다. 연락처를 모른다면 인터넷 사이트에서 찾아보세요.

- 옷을 살 때 아이들과 함께 가지 마세요. 좀 큰 아이는 선입관을 갖고 옷을 판단하기도 합니다. 옷 모양이나 색깔을 보고 자기 옷이 아니라 여깁니다.

- 옷가게 직원이 옷을 입는 아이가 남자인지 여자인지 물으면 그게 왜 중요하냐고 되물으세요. 예를 들어 남아용·여아용 양말이 어떻게 디른지 물어보세요.

- 유명 브랜드나 대형 매장이 아닌 곳에서 쇼핑하세요. 남녀 구분이 없는 유니섹스 옷을 만드는 브랜드나 온라인 숍들을 찾아보세요.

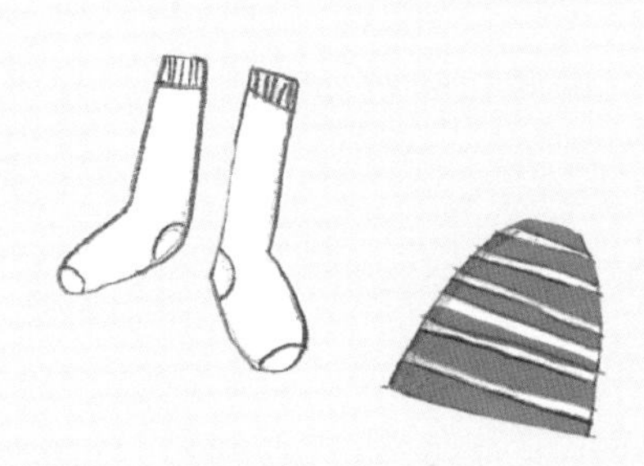

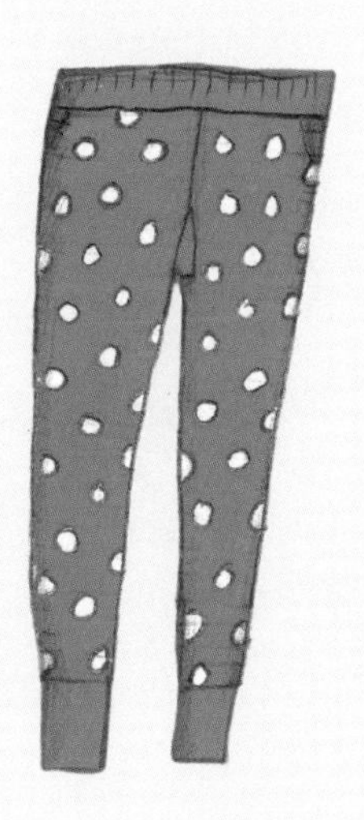

옷차림이 왜 저래?

"왜 저런 차림으로 나오는지, 이해할 수가 없어요. 제대로 된 옷이 아니잖아요. 정말 우스꽝스러워요."

- 쇼 프로그램을 시청하는 부모들

"저 여자는 옷을 거의 다 벗었네요. 꼭 창녀 같아요."

- 쇼 프로그램을 시청하는 6세 아동

다른 사람에 대해 논평하거나, 한숨을 내쉬어 그들의 마음에 상처를 주거나, 눈을 무섭게 부릅떠서 바로잡으려 하는 어른들이 있다. 대개 이런 경우는 아이들에게 뭔가를 가르치는 것이다. 부정적인 견해를 밝히고, 누구든 상관없이 시도 때도 없이 조롱하는 행동은 자신과 같지 않은 사람들을 평가할 때 나온다.

간혹 우리는 휴식을 취하며 스마트폰이나 태블릿 PC 등으로 다른 사람의 행동이나 말에 부정적인 의견을 달거나, 신문을 읽으며 자신과 생각이 다른 사람을 비웃는다. 그러면서 아이들에게는 친절하고 좋은 사람이 되라고 말한다.

여자아이와 여성들을 향한 부정적인 비평들은 주로 외모와 관련 있다. 가장 큰 문제는 시간이 갈수록 남녀 할 것 없이 모든 아이들이 여자아이와 여성들을 외모로 평가해도 된다고 배우는 것이다.

창녀, 매춘부, 꽃뱀, 골빈 년 같은 욕설이나 비속어 중 상당수가 여성과 관계있다는 사실은 우연이 아니다. 살펴보면 남성과 관련된 욕설은 별로 없다.

■ 학교에서 일어나는 대부분의 모욕은 성차이에 관한 것과 성별 관련 명제, 즉 우리가 바라는 남자 여자가 어떠해야 한다는 기대에 관한 것이다.
– 스웨덴 국립교육청, 〈희롱, 차별, 모욕?〉, 2009

■ 유치원에서 아이들은 안정적인 생활을 누려야 하며, 모욕이나 따돌림 같은 행위로부터 보호받아야 한다. 이것은 아이들의 가장 기본적인 권리다.
– 크리스테르 울손, 《따돌림과 모욕에 대항하는 방법》, 2013

우리의 말과 행동은 아이들에게 고스란히 전달된다. 우리가 남을 비하하는 발언을 일삼으면 아이들도 다른 사람에 대해 부정적으로 말하게 된다. 우리 스스로가 아이들에게 다른 사람을 존중하지 않아도 된다고 가르치는 셈이다.

부정적인 의견들과 다른 사람을 평가해 바로잡으려는 행동은 '왕따(따돌림)'라는 결과를 낳는다. 왕따 문제는 저절로 해결되지 않는다. 적극적으로 대응해야 왕따 피해를 예방할 수 있다. 잘못인 줄 알면서도 그냥 두는 것은 다른 사람을 부정적으로 평가하는 행위를 암묵적으로 인정하는 것이다.

성평등 솔루션

- 외모가 친근하지 않고, 말과 행동이 좀 튀더라도 섣불리 판단하지 마세요. 무례하게 굴지 말고 사람들은 다 다르다고 생각해 보세요. '다르다'는 말은 판단의 대상이 아닙니다. 말 그대로 그냥 다른 겁니다.

- 누군가가 부정적인 견해를 밝힌다면 질문을 던져 보세요. 자신의 말에 책임을 지고 설명해 달라고 하세요.

  "지금은 어떻게 생각하세요?"

  "그걸 어떻게 아세요?"

  "무슨 의미예요?"

- 아니면 그냥 이렇게 말해 보세요.

  "다 다르죠(옷 입는 방식도, 외모도, 생각하는 것도, 말하는 것도, 해당 사안들도 다 다르죠)!"

- 만일 아이가 "남자와 여자는 이러이러해."라고 일반화시켜 말한다면 반대로 이렇게 질문해 보세요. 일반화의 오류에서 벗어나게 할 수 있습니다.

  "남자애들은 못됐어요!"
  "니네 반 남자애들은 다 못됐니?"
  "아뇨. 레옹, 지온, 트룰만 못됐어요."
  "그럼, 다른 아홉 명의 남자애들은?"
  "걔네들은 착해요."
  "남자애들 전부가 못된 것은 아니네?"
  "네."

전통이어서 깰 수 없어!

"여자아이가 '루시아' 역할을 맡는 건 당연하잖아요. 그건 전통이에요!"

- 롱스타디에스쿨라 교장

"루시아는 단 한 명이에요. 다른 여자아이들은 들러리가 되고, 남자아이들은 별소년이 되지요. 옛날부터 쭉 그래 왔잖아요."

- 어린이합창단(4~7세) 교사

■ 1820년, 하얀 옷을 입고 머리에 초를 얹은 성 루시아에 대한 문서가 처음 발견되었다. 당시 루시아였던 사람은 휜스카테베리 출신의 하인이었다. 루시아의 모습은 시대마다 달랐다. 루시아가 금발 여자여야 한다는 명제에 대해 의문을 갖는 것은 전통이 살아 있다는 반증이다.

– 노르디스카 박물관

■ '별소년'이란 루시아 축일이나 성탄절에 하얗고 긴 잠옷을 입고 머리에는 별을 붙인 원뿔 모양의 뾰족한 모자를 쓰고 등장하는 남자아이를 일컫는다.

산타클로스 차림의 아이들이 살금살금 걸어 나온다. 제일 앞에는 머리에 촛불 화관을 쓴 루시아가 있고 그 뒤로 루시아 들러리들, 생강 쿠키 의상을 입은 아이들, 산타클로스 의상을 입은 아이들이 모습을 드러낸다. '루시아'는 전통이라는 미명 아래 판에 박힌 듯한 성 역할을 유지해 왔다. 여자아이만 루시아가 될 수 있다거나 몇몇 소수의 여자아이들만 루시아가 될 수 있다는 것은 스웨덴의 오랜 전통이다. 게다가 역할도 나뉘어 있어서 여자아이들과 남자아이들은 이미 정해진 역할들 중에서만 선택할 수 있다. 예를 들어 남자아이들은 생강 쿠키나 산타클로스 복장을 할 수 있으며, 원뿔 모양의 모자를 쓸 수 있다. 루시아는 아이들의 투표로 정해지는데, 때론 미인 대회 양상을 띠기도 한다.

루시아 축일을 맞아 루시아 성녀를 기리는 목적에 대해 생각해 보는 일은 중요하다. 이와 더불어 남녀 아이의 역할에 대해서도 한 번쯤 고민해 봐야 한다. 왜 루시아 역할을 꼭 여자아이가 맡아야 한다고 생각하는 걸까?

우리는 전통이라는 이유로 고정된 성역할을 고집하곤 한다. 전통이란 무엇일까? 여러 시대에 걸쳐 뭔가가 반복된다면 그게 바로 전통이 아닐까? 지금 우리가 뭔가를 적극적으로 실행한다면 새로운 전통이 만들어질 수도 있다. '핼러윈'처럼 말이다. 불과 몇 십 년 전만 해도 10월 31일은 그냥 평범한 날이었지만 지금은 스웨덴 사람들도 전통처럼 이 날을 즐긴다. 다진 고기에 양파 등을 넣어 동글동글 빚은 스웨디시 미트볼 또한 1970년대에 등장한 음식인데, 이제는 스웨덴 가정식에서 빼놓을 수 없는 요리로 자리 잡았다. 크리스마스 식탁에 이 미트볼이 빠진 모습은 상상이 안 된다. 요즘에는 크리스마스 식탁에 채소 미트볼을 올리는 사람들도 있다. 이렇게 오랜 시간이 지나면 이 음식이 새로운 크리스마스 전통 요리 목록에 오를지도 모른다.

전통이라고 해서 무조건 따를 필요는 없다. 사회 변화에 따라 전통도 얼마든지 바뀌거나 없어질 수 있다. 우리는 시대에 뒤떨어진 성역할 개념에 도전할 수 있어야 한다.

성평등 솔루션

- 명절이나 축제 때 아이들 마음대로 입게 하세요. 아이들은 새로운 시도에 두려움이 없으므로 전통에 새로운 의미를 부여할 수 있습니다.
- 학교나 유치원에서는 그냥 지나가는 날인데, 우리 집에서는 특별히 축하하는 기념일이 있나요? 교사에게 알려서 다 같이 즐기거나 물건으로 놀이를 해 보면 어떨까요? 미리 알려 주면 교육 프로그램에 반영할 수도 있습니다.

단옷날
우리 가족은 수리떡을
만들어 먹어요.

- 아이들이 흥미를 가질 만한 내용으로 새로운 전통을 만들어 보세요. 예를 들어 아이의 키가 1미터일 때는 '1미터 파티'를, 햇살 좋은 봄날엔 '봄의 바비큐'를 진행해 보세요.

Key Point

평등한 의상

옷 하나를 선택할 때도 성차별이 존재한다. 의상 평등권이란 옷 종류의 절반 대신 전부를 선택할 수 있는 권리를 의미한다. 아이들이 의상 평등권을 누린다면 여자 아동복, 남자 아동복이라는 말 대신 '아동복'만 있을 것이다. 아이들은 다채로운 무지개 색깔 중에서 아무 색이나 고를 수 있고, 착용하기 편하고 활동하기 좋은 옷을 선택할 수 있다. 또 성별 구분 없이 터프한 옷, 예쁜 옷, 편안한 옷 등 자기 마음대로 골라 입을 수 있다.

옷은 다른 사람들의 주목을 끌기 위해 혹은 놀이에 동참하기 위해 입는 게 아니다. 우리에게 의상 평등권이 있다면 아이들은 외모나 의상으로 판단되지 않고, 아이들 그 자체로 받아들여질 것이다. 착하든 재밌든 화나 있든 상관없이 아이는 그냥 아이다. 세상의 모든 아이들은 생각하고 느끼는 존재로서, 강하고 긍정적인 자존감을 키울 수 있는 기회를 얻어야 한다.

여자아이, 남자아이 그리고 '아이'

– 언어에는 아들딸 구별이 없어요

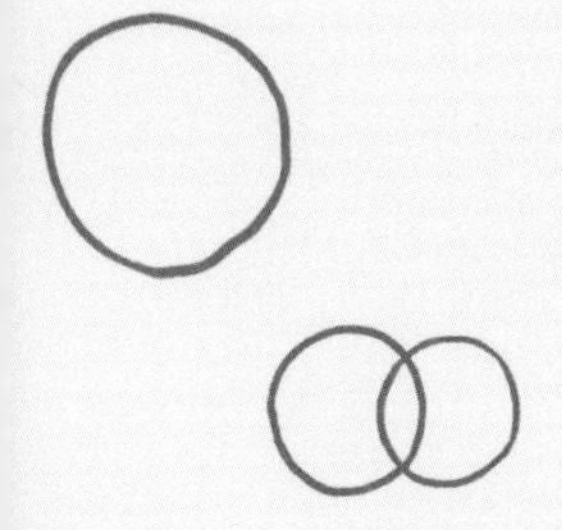

얘야, 안녕?

아이를 데리고 놀이터에 그네를 타러 갔을 때를 떠올려 보자. 보통 우리는 먼저 와 있는 아이와 부모에게 말을 건네며 호감을 드러낸 뒤 아이의 이름을 물어볼 것이다. 무례하다고 여길지도 모르겠으나 대부분의 사람들은 예의를 지키는 행동이라 여기며, 상대도 스스럼없이 이름을 알려 준다.

이때 실수가 생긴다. 아이가 여자인지 남자인지 스스로 판단하는 것이다. "안녕, 공주님. 이름이 뭐예요?" 물론 아이의 성별을 확실히 알려 주는 특징을 찾지 못했을 때는 이렇게 묻기 힘들다. 머리 길이든 옷 색깔이든 뭐라도 하나는 있어야 성별을 확신할 수 있을 테니 말이다.

만일 상대가 남자아이였다면 '공주님'이라는 소리를 듣고 기분이 어땠을까? 아마 황당하고 불쾌했을 것이다. 반대의 경우도 마찬가지다. 어떠한 이유에서건 남자아이를 여자아이로 또는 여자아이를 남자아이로 오인하는 일은 피해야 한다. 자칫 민감한 부분을 건드릴 수 있기 때문이다. 그래서 어떤 사람은 위험을 줄이기 위해 질문 도중에 답을 끌어내는 전략을 취하기도 한다. "안녕, 네 이름이 음…

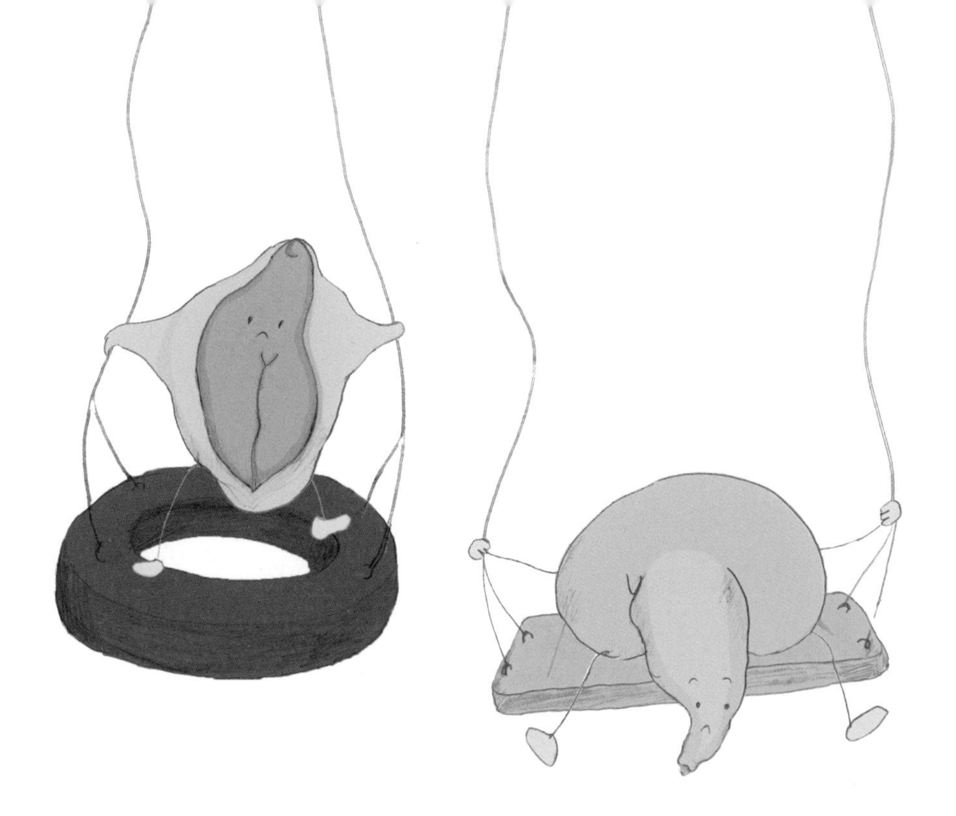

뭐예요?" 음… 하면서 시간을 끌다 보면 누군가의 입에서 아이의 이름이 툭 튀어나올지도 모른다. 약간의 운이 따라 준다면 말이다.

일상적인 대화에서도 우리는 개개인의 특성이 아닌 아이의 성별에 주목한다. 오래된 습관일까? 아니면 달리 할 말이 없어서일까? 문제는 여자냐 남자냐 묻는 과정에서 아이가 자신의 성별이 무엇보다 중요하다는 사실을 인지한다는 것이다. 그런 질문이 많아질수록 아이는 사람들의 관심사가 자신의 성이라고 생각한다. 솔직히 그네를 타고 있는 아이가 여성 성기를 가졌든, 남성 성기를 가졌든 남들이 무슨 상관이람.

성평등 솔루션

- 남자, 여자, 아들, 딸이라는 말 대신 '아이'라는 말을 사용하세요.

"아이 이름이 뭐예요?"

"아이가 호기심이 많네요."

"아이가 몇 살이에요?"

"아이의 웃는 모습이 정말 사랑스럽네요."

"아이가 또래보다 크네요."

이 녀석들아, 사고 치지 마라!

여러 명의 아이들을 한꺼번에 부를 때 보통 남자아이, 여자아이 두 그룹으로 나누어 호명한다. 밥 먹을 때, 길을 건널 때, 버스에 올라탈 때 "남자아이들 모두 모여!", "여자아이들 모두 모여!" 하는 것이다. "머리 긴 애들 모여라!" "키 작은 애들 모여라!" 이렇게 부르는 건 어색하다.

남자아이들, 여자아이들로 불리면 아이들은 자신이 두 개의 서로 다른 그룹에 속한다는 사실을 깨닫는다. 이것의 함정은 아이가 그룹 이름에 묻혀 개인으로 존재하지 못하는 것이다. 자기 이름 대신 남자아이들, 여자아이들로 불리는 것은 위험하다. 어떤 아이들은 눈에 거의 띄지 않고, 단지 여러 아이들 중 한 명이 되고 만다. 이 경우 수줍어하거나 신중하거나 말이 없는 아이가 되기 쉽다.

네 명의 남자애들 중에서 두 명만이 방 안을 어지럽혔는데 "이 녀석들아, 사고 치지 마라!"라고 하는 건 옳지 않다. 그룹으로 아이들을 대하면 억울하게 피해를 입는 아이가 생긴다. "내가 저지른 일도 아닌데, 내 잘못도 아닌데… 왜 내가 혼나지?"

집단적인 처벌을 받은 아이는 어른들의 질책과 자신의 행위 사이의 연관성을 찾지 못하기 때문에 상당히 불합리하다고 느낀다.

물론 반대의 경우도 있다. 어떤 아이들은 기여한 바가 전혀 없는데도 공동으로 상이나 칭찬을 받기도 한다. 예를 들어 소피아와 이다만 교실을 청소했는데, 선생님은 여자아이들 모두가 잘했다고 칭찬해 주는 것이다. 안나와 에리카는 빗자루도 안 잡았는데 말이다.

성평등 솔루션

- 아이들 한 명 한 명을 독립된 인간으로 인정해 주세요. 아이들이 잘못했을 때 모두에게 책임을 묻는 건 바람직하지 않습니다. 가장 좋은 방법은 아이의 이름을 불러 주는 겁니다.

  "마이켄, 엘린, 미르야나, 제발 좀 조용히 하렴!"

  "깨끗하게 청소했네. 에밀, 휴고, 알란, 잘했어!"

  "로사, 화투우, 이리 와서 밥 먹자."

  "시몬하고 킴은 손을 잡으렴. 이제 횡단보도를 건너갈 거야."

- '남자애', '여자애'로 구분하지 말고 그냥 '아이' 또는 '어린이'라고 부르세요.

  "힘센 어린이 있으면 좀 나와서 도와줘요."

  "아이들 좀 보세요. 참 재미있게 노네요."

  "저기, 손 든 아이한테 공을 주세요."

- 성별을 나타내는 단어 대신 성중립적 단어를 사용하세요. 그러면 사고의 틀에서 벗어나 세상을 바꿀 수 있습니다.

기존 단어	성중립적 단어
남자아이, 여자아이	아이/어린이
아빠, 엄마	부모
형, 오빠, 언니, 누나	형제자매
남자 친구, 여자 친구	친구
남편, 아내	배우자/동거인
남동생, 여동생	동생
그 남자, 그 여자	그 사람

너 남자니, 여자니?
몰라요!

외모는 남자애인데, 여자라고?

"제 아이는 에릭이라는 이름을 줄리아로 바꾸고는 앞으로 여자로 대해 달라고 했어요. 다행히 학교 선생님들이 정말 좋은 분들이셨어요. 선생님들은 이제부터는 에릭이 아니라 줄리아이고, 여자아이라고 학생들에게 말해 주셨어요."

- 사라, 7세 아동의 부모

"가끔 제가 여자처럼 느껴져요. 어떤 날은 남자 같고, 또 어떤 날은 여자 같아요. 때로는 둘 다 제 안에 있는 것 같기도 해요."

- 프리다, 6세 아동

여자아이와 남자아이, 이처럼 생물학적 성에 따라 아이들을 구분하는 사람은 주로 어른들이다. 아이들은 그런 사고로부터 훨씬 자유로우며 있는 그대로 받아들인다. 여자아이는 이런 모습이어야 하고, 남자아이는 여자아이와 달라야 한다는 선입관이 아이들에게는 없다. 이런 태도는 우리가 아이들에게 배워야 할 점이다.

여자아이도 머리를 짧게 자를 수 있고, 수퍼 히어로가 프린트된 스웨터를 입을 수 있다. 마찬가지로 남자아이도 머리를 기를 수 있고, 반짝이는 하트 문양을 옷에 그려 넣을 수 있다. 이것을 인정할 때 우리는 비로소 아이가 남자 또는 여자라는 전제를 달지 않고 질문을 던질 수 있다.

아이의 옷차림이나 외모가 우리의 기대와 동떨어졌을 때, 우리는 그 점에 주목해 아이를 판단한다. 예를 들어 이름만 들어서는 분명 남자인데 머리를 길게 늘어뜨리고 있다면, "머리가 왜 이렇게 길어? 뭐라 하는 사람 없니?"라는 질문이 바로 튀어나온다. 아이는 안 보고 긴 머리만 본 것이다. 우리는 일반적인 규범에 맞지 않다고 비판하는 대신 아이 자체를 인정해 줄 수 있어야 한다.

2010년, 스웨덴은 헌법에 트랜스젠더의 정체성과 표현에 대한 차별 금지 조항을 넣었다. 이로써 스웨덴에서는 전통적인 성역할로 정의되지 않는 사람들, 어른 아이 할 것 없이 모두가 법의 테두리 안에서 차별받지 않고 살아갈 수 있게 되었다. 이제 아이들도 자신이 원하는 옷을 마음대로 입을 수 있고, 원하는 목소리와 몸짓 언어(보디랭귀지)를 자유롭게 사용할 수 있다.

- 살아가면서 신체적으로 성 교정을 해야 하는 수도 있다. 이는 성을 바꾸는 것뿐만이 아니라 신체의 일부를 변형하여 본인이 느끼고 원하는 성과 일치시키는 것을 포함한다. 예를 들어, 트랜스젠더인 사람이 성기는 그대로 두고 가슴만 없애는 것이다. 이를 성 교정이라 하고, 성전환이라 하지는 않는다.
- 인터섹스(Intersex, 남녀 한 몸)로 태어나는 아이들이 있다. 한 몸에 남녀 생식기를 모두 가진 아이들, 다시 말해 신체적으로 남성도 여성도 아닌 채로 태어난 아이들을 말한다. 인터섹스는 라틴어에서 온 말로 '간성(間性)'이라는 뜻이다. 이 말은 '섹슈얼리티(Sexuality)'와는 아무 상관이 없다.
- 섹슈얼리티란 넓은 의미의 성을 일컫는다. 생물학적 성별과 함께 남성과 여성에 대해 사회가 요구하는 역할, 성욕, 성애의 대상, 성적인 매력, 성행위 등을 모두 포함하는 말이다.
- 트랜스젠더(Transgender)는 생물학적 성과 성적 정체성이 일치하지 않는 경우를 말한다. 반대말은 시스젠더(Cisgender)로, 생물학적 성과 심리적·사회적 성이 일치하는 경우다.

성 정체성은 평소 자신이 느끼는 성과 관련 있다. 무엇보다 성 정체성은 생물학적 성이 아니라 내면의 성이 결정한다. 그래서 어떤 아이는 남자처럼 느꼈다가 여자처럼 느끼고, 둘 다 또는 제3의 성처럼 느끼기도 한다. 이 과정에서 아이는 자신의 성 정체성을 스스로 결정할 수 있는 기회를 얻는다.

■ 인도, 네팔, 파키스탄, 뉴질랜드, 남아프리카공화국은 법적으로 제3의 성을 허용한 나라들이다.

■ 트랜스인 사람들은 병가(병이 들어 얻는 휴가) 중 보험금 지급이 많았다. 트랜스인 사람들 셋 중 하나는 자살을 시도했고, 둘 중 하나는 추행이나 폭행을 당했다.

– 스웨덴 공중보건위원회, 2015

성을 정의하는 방법은 여러 가지다. 생물학적인 성은 성기, 염색체, 호르몬과 관련 있다. 성 정체성은 자기 자신이 느끼는 성이다. 성적 표현은 옷과 외모로 보여 주는 모든 것을 지칭한다. 법적인 성은 자신의 여권과 정부에서 발행한 증명 서류에 적혀 있는 성이다.

시스인가, 트랜스인가?

	여자	그 사람	남자
생물학적 성			
성 정체성			
성적 표현			
법적인 성			

네 가지 서로 다른 성의 관점들이 '여자' 칸에만 표시된다면, 그 사람은 '여자' 근처에 있다는 의미다. 시스cis는 라틴어로 '근처에 있

는', 즉 같은 편이라는 뜻을 가지고 있다. 예를 들어 어떤 사람이 시스젠더라면 그 사람의 성 정체성과 성적 표현은 타고난 성과 일치한다. 만일 시스젠더가 아니라면 당신은 트랜스젠더이며, 이 말은 당신의 성 정체성과 성적 표현이 당신의 생물학적 성과 같지 않다는 뜻이다.

트랜스젠더는 여성, 남성, 여성 또는 남성 등으로 표시할 수 없는 사람이다. 만일 당신이 이분법적으로 표시할 수 없는 사람이라면 두 개의 성적 기준 사이에 있거나, 여성 또는 남성이라는 구분을 초월해 당신의 정체성을 나타낼 수 있다. 대부분의 트랜스젠더들은 자신의 생물학적 성이 정신적인 성과 일치하지 않는다는 사실을 유치원생 나이 때 느낀다. 예전에는 중학생 시기에 트랜스젠더가 된다고 믿었는데, 이는 잘못된 내용이다.

과거에는 많은 사람들이 트랜스와 성을 혼동했지만, 사실 이 둘은 아무런 관련이 없다. 트랜스는 무성, 양성, 이성애 또는 동성애일 수 있다. 우리에게 매력을 느끼는 사람이나 사람들을 우리의 성 정체성과 연결시킬 필요는 없다.

성평등 솔루션

- 아직도 남자, 여자를 가리키는 단어를 사용하고 있다면 오늘부터 '사람', '아이'라는 성중립적 단어를 사용하세요. 처음에는 낯설고 어색하겠지만 자꾸 연습하면 자연스럽게 나옵니다.
- 책이나 노래 가사에 나오는 성 관련 단어를 성중립적 단어로 바꿔 보세요.
- 남자인지 여자인지 혹은 중성인지 불분명할 때는 물어보세요. 아니면 본인이 말해 줄 때까지 기다리는 것도 좋습니다. 부를 때는 이름을 사용하세요.

  "리암하고 놀고 싶니?"

  "리암은 어때? 리암이 초콜릿을 좋아하니?"
- 어린아이의 말에 귀 기울이며, 아이의 느낌을 존중해 주세요. 아이들이 편안하게 성 정체성을 결정할 수 있도록 말이죠.

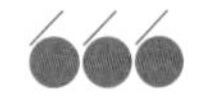

여성과 과학은 어울리지 않아

가끔 우리는 같은 행동을 다른 말로 표현할 때가 있다. 그 행동을 누가 했는지, 즉 여자아이냐 남자아이냐에 따라 의미가 달라지기도 한다. 예를 들어 뭔가를 만드는 여자아이에게는 조물조물 만지작거린다고 하면서 남자아이에게는 발명품을 만든다고 말한다. 또 말이 많은 여자아이에게는 수다스럽다고 하면서 남자아이에게는 토론을 잘한다고 말한다. 반찬 투정을 하는 여자아이에게는 입맛이 아주 까다롭다고 하면서 남자아이에게는 입이 짧아 미식가가 될 거라고 말한다. 이런 일들은 아주 많다.

우리는 무의식적으로 성차별적인 언어를 사용하고 있다. 심지어 아이의 가치를 평가하는 단어를 무심코 내뱉기도 한다. 이것이 젠더의 함정이다. 우리가 남자아이한테 사용하는 단어들은 일반적으로 사회에서 더 높은 가치를 가진다. 발명은 세상을 변화시킬 수 있는 힘을 가졌다. 말만 들어도 기술적으로 복잡하고 어려운 일처럼 보이고, 높은 지능이 필요할 거라는 생각이 든다. 반면 조물조물 만지작거린다는 말

같은 행동, 다른 단어

- 만지작거리다 – 만들다
- 설치다 – 활발하다
- 왈가왈부하다 – 토론하다
- 게으르다 – 여유롭다
- 산만하다 – 호기심이 많다
- 건방지다 – 자신감이 넘치다
- 까다롭다 – 세심하다
- 독하다 – 의지가 강하다
- 투덜거리다 – 예민하다

은 하찮게 들린다. 규모 면에서는 자잘한 소일거리처럼 보이고, 시간 면에서는 심심풀이로 잠깐 동안 하는 일처럼 보인다. 만지작거린다는 표현은 왠지 집 안에서 일어나는 일 또는 화장처럼 몸을 꾸미는 일과 관련 있는 것 같다. 사적인 공간에서 이루어지는 일처럼 들린다. 기술, 건설 등과 관련된 단어들은 여전히 남성의 영역을 가리킨다. 바느질이나 뜨개질

■ 스웨덴은 2016년 기준으로 남성의 임금이 여성보다 12% 더 많다. 한편 한국은 2017년 기준으로 남성의 임금이 여성보다 34.6% 더 많다. 남성이 100만 원을 받을 때 여성은 65만 4,000원을 받는다는 의미다. 경제협력개발기구(OECD) 회원국의 평균 남녀 임금 격차는 2017년 기준 14%이다.

도 상당한 기술과 이론이 필요한데, 사람들은 조물조물 같은 말로 평가절하하는 경향이 있다.

여자아이와 남자아이는 학습한 걸 평가받는 데서도 차이가 난다. 보통 남자아이들이 여자아이들보다 점수를 더 후하게 받는다. 이것이 반복되면 여자아이들은 마치 덜 중요한 사람처럼 보이게 만드는 결과를 낳는다. 그들의 행위가 덜 중요해서가 아니라 그들의 행위와 관련된 단어와 평가가 그렇게 말하고 있기 때문이다.

결국 만지작거리는 것은 여자아이들이나 하는 놀이이며, 모든 아이들이 즐거움을 누릴 만한 활동이 아니라는 선입관이 만들어진다. 그럼, 조물조물 만지작거리기 좋아했던 남자아이들은 어떻게 될까? 아마 스스로 그만둘 것이다. 과연 그림을 그리거나 색종이를 오리거나 예쁜 종이에 반짝이 금박을 붙이는 놀이를 여자아이들만 좋아할까?

성평등 솔루션

- 아이와 대화할 때 단어를 다양하게 사용하세요. 설치다/활발하다, 까다롭다/세심하다 등처럼 같은 행동을 다른 단어로 표현할 수도 있겠죠?
- 기존 단어에 새로운 의미를 불어넣어 주세요. 분필과 가위로 발명을 하고, 부피가 좀 큰 나무와 박스로 놀이를 해 보세요. 누가 더 길게 구슬을 꿰나 시합해 보는 것도 재미있겠죠?
- 부정적인 뉘앙스를 풍기는 단어를 가급적 사용하지 마세요. '음식 앞에서 까탈스럽다.'는 말보다 '음식을 신중하게 고른다.'는 표현이 좋겠죠?

신발끈 단단히 묶어라!

"여자아이들은 조잘조잘 입이 가만히 안 있어요. 이야깃거리도 꽤 풍부해요. 이제 겨우 세 살이라는 게 믿기지 않을 정도예요."

- 잉그리드, 교사

"잔소리해도 듣지를 않으니까 피곤해요. 입만 아프다니까요. 고함을 쳐야 끝이 난답니다."

- 안트완, 5세 아동의 부모

"남자아이들은 너무 시끄러워요. 놀 때 보면 소리를 엄청 질러 대요. 그건 대화가 아니에요."

- 켄네트, 교사

옹알거리던 갓난아이가 말문이 터져 다른 사람과 의사소통을 하고, 부모의 말을 알아듣기 시작했을 때의 기쁨은 절대 잊을 수 없다. 어느 날 갑자기 어린아이들은 자신의 느낌을 단어로 표현하고, 주변 환경과 생존에 영향을 미칠 수 있는 능력을 갖춘다. 언어 발달과 더

- 스웨덴 고등학교 남학생의 평균 성적은 여학생보다 낮다. 전 학년, 전 과목 기준으로 봤을 때 그렇다. 최근 들어 남녀 학생의 성적 차이는 더 벌어졌다.
– 스웨덴 교육청, 2014

- 전반적으로 여자아이들이 남자아이들보다 글을 더 길게, 문법에 더 맞게 쓴다.
– 커린 밀레스, 《평등 언어》, 2008

불어 아이들에게는 어떠한 일이 생긴다.

부모들은 보통 남자아이보다 여자아이에게 말을 더 많이 건넨다. 남자아이가 자라면 말수는 더 줄어드는데, 짧게 명령하듯이 말하는 경우가 많다. "신발끈 단단히 묶어라!" "이리 와라!" "점퍼 입고 나가라!" "기다려라!" 반대로 여자아이한테는 마치 설명하듯이 긴 문장으로 말하면서 생생한 묘사를 곁들인다. "신발끈에 걸려 넘어지면 다치니까 신발끈을 꽉 묶으렴!" "이리 와서 점퍼를 입으렴. 바깥 기온이 영하로 떨어져 아주 춥단다." "계단을 혼자 내려가지 말고 좀 기다리렴. 외출 준비를 끝내고 얼른 갈게."

남자아이들은 발에 스프링이 달려서 한자리에 오래 머물 수 없다는 생각이 부모들 마음속에 깊이 자리하고 있는 듯하다. 오래 붙잡아 둘 수 없으니 할 말만 하고 끝내는 것이다. 여자아이들이 말을 더 잘하고 단어 이해력도 좋다는 선입관이 이 같은 현상을 만든 건지도 모른다. 이유야 어떻든 시간이 갈수록 남자아이들에게 건네는 단어 수는 현저히 줄어든다. 남자아이들이 사용하는 단어도 당연히 적어진다.

네 방 청소 좀 해!

학교에 다니기 시작한 남자아이들의 노트 등을 살펴봤더니 이런 결과가 나왔다. 남자아이들은 일반적으로 사용하는 문장 수가 적었고, 여자아이들에 비해 어휘력도 빈약했다. 모든 과목들은 언어 이해력과 어휘력이 있어야 좋은 성적을 얻을 수 있다. 언어 구사력과 어휘력이 풍부하면 논리적으로 사고하고 새로운 주제에 접근하는 데 용이하다. 또한 자신의 생각과 감정을 적절한 단어로 표현하거나 다른 사람들에게 전달하기가 쉽다.

애야, 방 좀 치우렴.
방바닥에 물건들이 많아서
비집고 들어갈 수가 없네.

남자아이와 부모 사이처럼, 주로 짧은 명령문을 주고받는 사이에서는 친밀한 관계가 만들어지기 힘들다. 상대적으로 남자아이들은 어른들과 눈을 맞추고 대화할 가능성이 적을 수밖에 없다. 짧은 질문에 긴 대답을 기대할 수 있을까? 심지어 큰 소리로 명령하는 말투는 누구라도 싫어한다. 차분한 대화는 귀 기울이게 하지만 크게 소리치는 명령은 귀를 닫게 만든다.

아이가 부모로부터 짧고 냉정한 말을 자주 들을 경우 어떤 일이 생길까? 아마 아이는 부모의 말을 무시하려 들 것이다. 그러면 부모는 짜증이 나서 더 큰 목소리로 새로운 명령을 쏟아 낼 것이다. 명령이 무시를 낳는 악순환이 거듭될수록 관계는 더 나빠진다.

가장 큰 문제는 다른 사람과 소통하는 방법을 남자아이가 배우지 못할 수도 있다는 것이다. 상대를 잘 이해하고 다른 사람과 상호 작용하려면 무엇보다 잘 들어야 한다. 그런데 남자아이에게는 듣는 연습을 할 기회가 상대적으로 적게 주어진다. 우리는 말하고 듣는 것을 연습한 아이들이 분노를 더 잘 억제하며, 다른 아이들과 마찰이 생겼을 때 원만하게 해결한다는 사실을 알아야 한다.

성평등 솔루션

- 아이와 눈을 맞추고 대화하세요. 또 충분한 시간을 들여 이야기를 나누세요. 이때 뜬구름 잡는 식의 추상적인 이야기나 피로감을 부르는 이야기는 피해야 합니다.
- 모든 아이들, 특히 남자아이들과 대화를 많이 하세요. 긴 문장이나 새로운 단어, 어려운 단어를 적극 사용하세요. 이렇게 습득한 단어들은 아이들의 언어 구사력을 높여 줍니다.
- 아이들의 말을 경청해 주세요. 말하는 게 익숙지 않은 아이들은 할 말을 생각하고 표현하는 데 시간이 좀 걸립니다.

여자는 조용히, 발표는 남자 몫!

"여자아이들은 수업 시간에 거의 질문을 안 해요. 그 애들이 관심을 갖고 얘기하는 주제는 오로지 남자애들뿐이에요."

- 안드레아스, 14세 청소년

"루데는 쉴 새 없이 말해요. 주목을 끄는 부분이긴 하나, 남의 말을 듣는 것도 배워야 해요. 자기 말만 마구 쏟아 내서는 안 되죠."

- 로타, 6·8세 아동의 부모

대체적으로 여자아이들의 어휘력이 더 좋고 의사소통 훈련도 더 잘 돼 있는데, 유치원과 학교에서는 남자아이들 그룹이 말할 기회를 거의 점령하고 있다. 남자아이들이 대체로 참을성이 부족하고 자기 순서를 기다리기 힘들어해서 그런 걸까? 안절부절못하는 아이들에게 즉각적인 주의를 기울여 줌으로써 일시적으로 편안함을 만들어 줄 수 있다. 시간을 들여 자신의 순서를 기다리라고 가

빅토르, 네 순서는 실비아 다음이야.

■ 1921년, 처음으로 스웨덴에서 여성의 참정권이 인정되었다.

■ 미국의 한 조사에 따르면, 가정 내 대화의 3분의 2가 여성에 의해 이루어진다고 한다.
– 커린 밀레스, 《평등 언어》, 2008

■ 한 스웨덴의 조사에 따르면, 초등학교 저학년 학생들의 경우 여자아이들이 남자아이들보다 24시간 더 말한다고 한다.
– 얀 에릭손, 《언어적인 날들》, 2000

르치기보다는 이렇게 하는 게 몇 배 더 간단할지도 모른다. 또 남자아이들의 부족한 참을성은 때때로 강한 추진력과 의지의 표현으로 받아들여져 장점이 되기도 한다.

그럼, 여자아이들은 어떨까? 의도한 것은 아니지만 우리는 자기 순서를 기다리는 여자아이들에게 침묵하라는 신호를 보내고 있다. 남자아이들이 말을 끊고 발언권을 가져가도 으레 그러려니 한다. 여럿이 말하는 상황에서 여자아이들보다 남자아이들에게 더 관대하다. 대체로 여자아이들은 남의 말을 경청하고, 할 말이 있더라도 자기 순서를 기다리는 편이다. 그러다 보니 아무 말도 못 할 때가 많다.

어떤 사람들은 여성들이 직장보다 집에서 얘기를 더 많이 한다고 주장하면서 전체적으로 볼 때 여성이 남성보다 말이 더 많다고 한다. 어쩌면 공적인 공간에서 말할 기회가 적어 여성들이 사적으로 더 많이 말하는 건지도 모른다. 교실 밖에서는 편하게 말하다가 교실만 들어오면 조용해지는 여자아이들을 떠올려 보자.

무슨 남자애가
숫기가 없어
발표도 못 하니?

말하고 듣는 것조차 남녀 아이들을 차별하는 어른들의 태도에서 아이들은 성별에 따라 말의 영향력이 다를 수 있음을 배운다. 이것은 또 고정관념에서 벗어난 아이들은 어려움을 겪을 수 있음을 의미하기도 한다. 말이 없고 수줍음을 잘 타는 남자아이들과 시끄럽고 참을성이 없는 여자아이들에게 허락된 자리는 없다. 우리는 여자아이들에게 잘 경청하는 능력을 요구하고, 남자아이들에게는 규모가 큰 공식적인 자리에서 목소리를 내라고 요구한다. 남자는 말하고 여자는 들어야 한다고 은연중에 가르치는 것이다.

아이들은 자신의 목소리를 공평하게 낼 수 있어야 한다. 말하기와 듣기는 모든 아이들에게 중요하고 또 필요한 덕목이다. 모든 아이들은 자신의 생각과 의견을 표현하는 것 못지않게 다른 사람의 생각과 의견도 귀담아들어야 한다는 것을 알아야 한다.

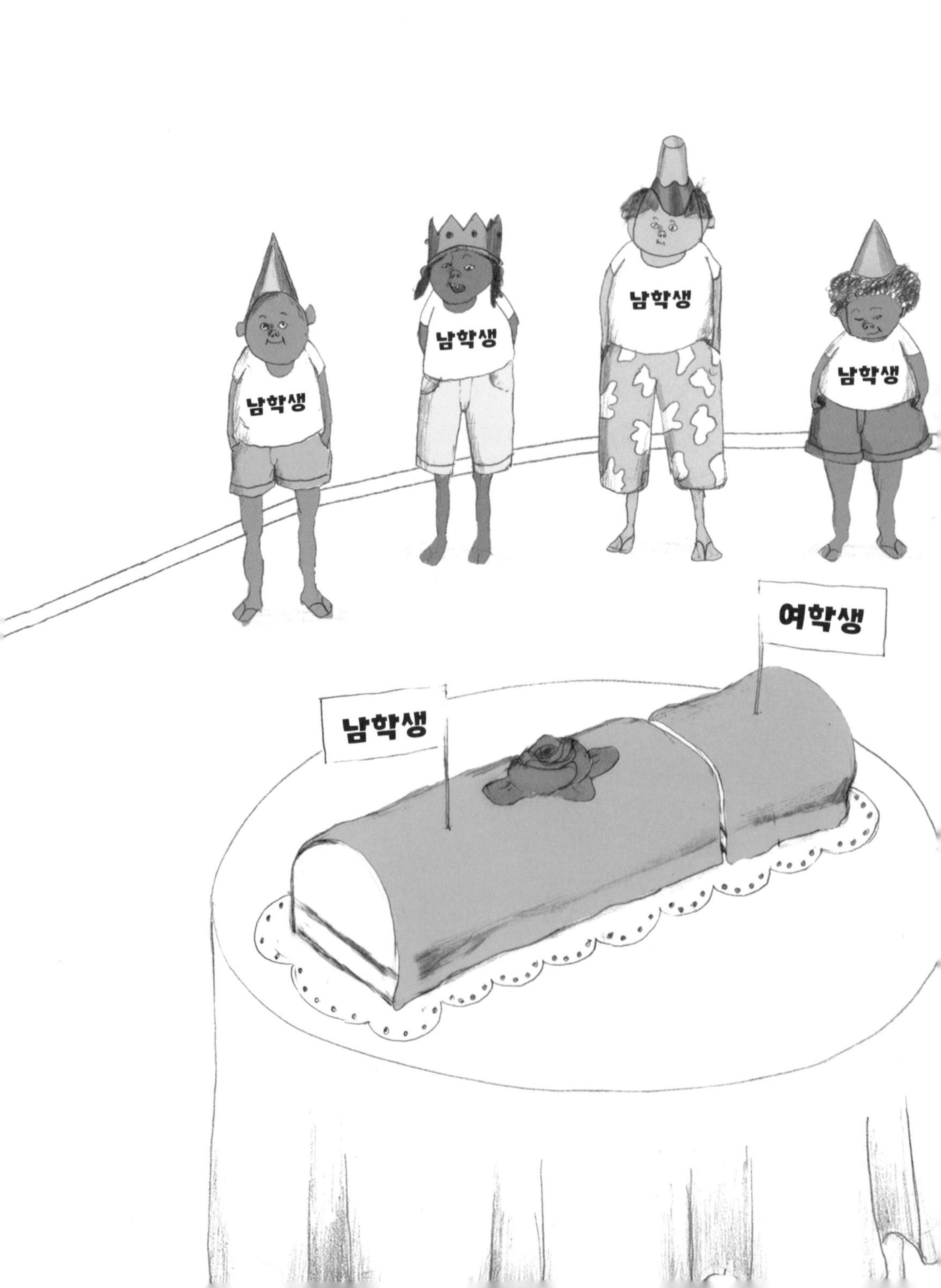
남학생
남학생
남학생
남학생
여학생
남학생

■ 학교 교실에서는 주로 선생님들이 말을 하는데, 수업 시간의 약 3분의 2가 선생님 차지다. 그걸 뺀 나머지 시간에서 3분의 2는 남학생에게, 3분의 1은 여학생에게 배정된다.

– 에바 간네룬드, 《젠더 관점에서의 교사의 삶과 일》, 2001

우리도 발표하고 싶어요.
기회를 주세요!

성평등 솔루션

- 성격이 조용하고 부끄러워서 말을 잘 못 하는 아이들에게 '예', '아니오'로 답할 수 없는 질문을 해 보세요. 열린 질문을 통해 당신이 아이들의 생각과 마음에 관심이 있다는 걸 보여 줄 수 있습니다.

  "뭘 그리니?"

  "지금 뭘 하고 있어?"

  "이 배는 어디로 가는 걸까?"

- 생각을 표현하는 데 어려움을 겪는 아이들에게는 좀 더 구체적으로 질문해 보세요. 단순히 뭘 먹었냐고 묻기보다 다음과 같이 실제로 대답할 수 있는 내용으로 물어보세요.

  "반찬 중에서 뭐가 제일 맛있었니?"

  "오늘 먹은 채소 색깔을 말해 줄래?"

  "누구랑 같이 먹었어?"

- 아이에게 '오늘 뭐 했어?'라고 묻기 전에 당신이 먼저 하루 동안 뭘 했는지 이야기해 주세요. 그러면서 대화의 창이 열립니다.

- 당신이 얼마나 경청을 잘하는 사람인지 알려 주세요. 눈 맞추기, 관심 보이기, 고개 끄덕이기, 질문하기 또는 가만히 들어 주기 등 여러 가지 경청 기술을 사용해 보세요.

- 아이가 중간에 끊지 않고 자신의 생각을 끝까지 말할 수 있도록 훈련시키세요. 더불어 남의 말을 경청하는 태도도 연습시키고요. 예를 들어 저녁을 먹으면서 가족 모두가 돌아가며 오늘 있었던 일들 중에서 하나를 골라 이야기하는 것이죠. 이때 규칙은 중간에 끊지 않고 이야기하기, 다른 사람이 이야기할 때는 경청하기 등입니다.

- 누가 말할지를 물건을 사용해 정하세요. 예를 들어 '돌'을 쥔 사람만 말할 수 있고, 그때 다른 사람은 조용히 들어 줘야 합니다. 이렇게 하면 자신의 차례를 인지하기 쉬우며, 친구가 말할 때 귀 기울이는 법을 배울 수 있습니다.

엄마 집, 아빠 집

"자, 집주소를 종이에 쓰세요."

"저는 엄마 집과 아빠 집을 오가며 사는데, 어디 주소를 써야 하나요?"

"그렇구나. 그럼, 둘 다 적으렴."

"오늘 유치원에서 가족 그림을 그렸는데 선생님이 엄마, 아빠만 그리랬어요. 할아버지, 할머니는 빼고요."

- 클라라, 6세 아동

아이가 유치원이나 학교에 다니면 제출할 서류들이 있다. 주소를 적어야 하는 경우도 있는데, 대개 우편번호와 도로명 등을 적는 칸이 하나다. 왜 사람들은 아이가 사는 곳이 단 하나뿐이라고 생각할까? 사회가 아무리 변화해도 한번 자리 잡은 편견은 쉽게 사라지지 않는 것 같다.

스웨덴에서는 대략 50만 명의 아이들이 핵가족이 아닌 형태로 살고 있다. 보통 핵가족이란 엄마, 아빠, 아이가 한집에서 사는 가족 형태를 말한다. 개인의 거주지가 여러 곳인 경우가 점점 더 일반화되고 있으므로 아이들이 반드시 한 장소에 거주할 거라는 전제를 달아서는 안 된다.

아이의 거주지가 여러 곳이더라도 대개는 한 곳을 선택해 자신의 주소로 등록한다. 유치원이나 학교, 치과나 병원에서 서류들을 여기저기로 보낼 경우 혼란을 일으킬 수 있기 때문이다. 주소가 하나뿐인 아이들은 전혀 고민할 필요가 없다.

한 주는 엄마 집, 또 한 주는 아빠 집에서 사는 아이들에게 왜 부모가 따로 사는지 묻는 경우도 끊이지 않고 일어난다. 조부모 집에서 사는 아이들에게도 왜 부모와 함께 안 사는지 묻곤 한다. 어른들이 일방적으로 만들어 놓은 가족 형태와 주거 등록 기준을 충족시키지 못하는 아이들은 왜 그런지 설명해 달라는 요구를 줄기차게 받지만, 기준에 부합하는 아이들은 그냥 넘어간다. 그 아이들에게도 왜 부모와 함께 사는지 설명

니네 부모님은
왜 함께 안 살아?

그럼, 니네 부모님은
왜 같이 살아?

하라고 해야 공평한 것 아닌가.

자신의 상황을 누군가에게 늘 설명해야 하는 아이들은 어떤 기분일까? 다른 아이들과 다르다는 사실을 끊임없이 확인받는 기분은 아닐까? 이런 일이 반복되면 아이들은 소외감을 느끼고 상처를 받는다. 주눅이 들거나 자존감이 떨어질 수도 있다.

■ 스웨덴에서 넷 중 한 가정은 우리가 생각하는 핵가족과 다른 형태를 가지고 있다. 약 48만 명의 아이들이 이 경우에 해당한다. 이 아이들 중 35%는 엄마, 아빠 집을 번갈아가며 지낸다. 즉 엄마, 아빠의 거주지가 다르다.
– 스웨덴 통계청, 2014

성평등 솔루션

- 어떤 전제도 달지 말고 그냥 순수하게 물어보세요.

  "사는 곳이 어디니?"

  "누구랑 사니?"

- 가족 그림을 그린 뒤 소개하는 시간을 가져 보세요. 가족 소개는 서로를 잘 이해할 수 있는 방법입니다. 또 가족에 대해서도 긍정적으로 생각할 수 있게 합니다.
- 당연하다고 여기는 사회적 기준을 가지고 서로 질문을 던져 보세요. 그런 질문을 받아 본 적이 없기에 아마 까르르 웃음보가 터질지도 모릅니다. 이런 경험을 통해 우리는 자신의 삶이 일반적이지 않다는 이유로 매순간 설명을 요구받는 사람들이 얼마나 괴로울지 생각해 볼 수 있습니다.

  "왜 집에서 사니?"

  "왜 옷을 입니?"

  "왜 학교에 가니?"

  "왜 동생이랑 같이 사니?"

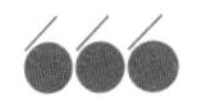

핵가족은 정상, 나머지는 비정상?

"아이가 유치원에서 가져온 서류를 작성하다가 엄마, 아빠 이름을 써넣는 칸을 발견했어요. 거의 모든 서류 양식이 그렇더라고요. 저는 빨간 줄을 긋고 엄마 1, 엄마 2라고 썼어요."

- 레베카, 3세 아동의 부모

"아이들과 둘러앉아 점심을 먹던 중에 아빠 이야기가 나왔어요. 서로 아빠 이름이 뭐냐고 묻더군요. 리브는 아빠가 없다고 말했어요. 그러자 제 동료들 중 한 명이 '아빠가 돌아가셨니?'라고 묻는 거예요. 리브는 당황한 듯 '아뇨, 엄마가 둘이에요.'라고 대답했어요."

- 사미라, 교사

네 부모님은 모두
네 명이야?

아무리 좋은 의도였다 해도 질문 자체가 실수일 수 있다. 사회의 변화에 따라 우리의 전통적인 가치관도 함께 변화하면 좋을 텐데, 그렇지 않은 경우가 허다하다. 가족이라면 모름지기 이러해

아이 아빠는
함께 안 오셨나요?

야 한다는 그림을 가지고 있는 것이다. 이 때문에 많은 아이들과 그 가족들이 투명인간 취급을 받고 소외감을 느낀다.

예를 들어 우리는 혼자 아이를 키우는 아빠나 엄마를 가리켜 '편부모' 또는 '한부모'라고 부른다. 그런데 부모가 함께 살지 않더라도 자녀 양육은 함께하는 경우가 많다. 한 주씩 번갈아서 아이를 돌보는 경우나 주말에만 아이와 시간을 보내는 경우 등이다. 엄밀히 말해 이 경우들은 아빠와 엄마가 모두 아이의 성장에 일조하므로 한부모가 아니다. 아이가 누구와 살고 있든, 그들이 부모라는 사실은 변함이 없다.

아이의 가족이 일반적인 가족 형태와 다르다고 해서 우리가 어떤 특정한 단어를 사용한다면 그 아이는 자신의 가족이 사회의 통념에서 벗어나 있다고 느끼기 쉽다. 가족 구성원이 몇 명이든 또 어떤 형태든 상관없이 모든 가족은 똑같은 가치와 의미를 지닌다. 중요한 것은 아이 눈에 자신의 가족이 자연스럽고 긍정적으로 비칠 수 있도록 하는 것이다.

2013년, 스웨덴 정부는 트랜스젠더도 아이를 가질 수 있게 허락했다. 그 전에는 의무적으로 불임수술을 해야만 해서 트랜스젠더는 부모가 될 수 없었다. 하지만 이제는 남자의 모습을 하고, 남자의 성 정체성을 가진 사람들도 임신과 육아를 스스로 선택할 수 있다.

- 스웨덴에서는 2005년에 비로소 레즈비언들도 인공 수정 시술을 받을 수 있었다. 그 전에는 아이를 임신하려면 해외로 나가야만 했다.
- 스웨덴에서는 2016년 법이 개정되어 혼자서도 인공 수정으로 아이를 가질 수 있게 되었다.

20여 년 전과 오늘날의 가족 형태를 비교해 보면 차이가 아주 크다. 변화가 이루어진 만큼 질문 내용도 달라져야 한다. 부모와 미혼 자녀가 기본 구성원이라는 전제를 달고 질문하면 난처한 상황을 초래할 수 있기 때문이다. 이제는 핏줄이 아닌 관계의 개념으로 가족을 바라봐야 한다.

놀이터에서 아이와 함께 놀거나 유치원에 아이를 데리러 온 성인 여성이 반드시 아이의 엄마여야 할 이유는 없다. 엄마의 애인이거나 아빠의 새 아내일 수도 있다. 우리에게는 어떤 가족 형태가 더 낫다거나 더 나쁘다고 판단할 권리가 없다. 다만, 다양한 가족 형태를 이해하고 개방적인 질문을 통해 그 가족에 대한 관심을 보여 주면 그만이다.

- 아이의 가족이 궁금하면 그냥 물어보세요. 처음엔 열린 질문이 낯설 수 있지만 연습하면 금세 익숙해질 겁니다.

  "엄마, 아빠 성함 좀 알려 줄래?"

  "그럼, 부모님이 몇 분이니?"

  "저분은 누구니? 너와 어떤 관계니?"

- '편부', '편모'라는 말 대신 '전적으로 아이를 맡아 돌보는 부모'라고 표현하세요. 만일 아이가 엄마 집, 아빠 집을 오가며 생활한다면 '아이를 공동으로 돌보는 부모'라고 표현해도 되겠죠?
- '엄마', '아빠' 대신 '부모'라는 말을 사용하세요.

Key Point

평등한 언어

언어는 미묘하지만 강력한 영향을 끼칠 수 있는 도구다. 우리가 아이와 대화할 때 어떤 말투를 사용하느냐에 따라, 또 어떤 단어를 선택하느냐에 따라 경직된 역할이나 패턴들을 다시 만들어 낼 수 있다. 아이들을 자극하고 더 풍요로운 삶을 선사할 수도 있다. 말 하나 바꾼다고 무슨 변화가 일어날까 싶겠지만, 장기적으로는 큰 변화를 가져올 수 있다.
우리가 언어적 평등을 이룬다면 아이들이 말과 글의 마법을 더 많이 누릴 수 있을 것이다. 아이들은 각자의 이름으로 불려야 하며, 단어 때문에 아이들의 여러 활동들이 제한받아서는 안 된다.
아이들은 자신의 생각과 느낌에 맞는 단어를 선택해 사용할 수 있도록 연습해야 한다. 다른 사람의 소리에 자신의 소리가 묻히지 않도록, 그래서 다른 사람들이 자신의 소리를 들을 수 있도록 훈련하는 것도 필요하다. 아이들과 함께 있을 때는 말하기와 듣기 둘 다 중요하다. 언어적 평등은 우리에게 단어 뒤에 감춰진 아이를 조명할 기회를 주고, 아이들에게는 표현하고 참여하고 자신의 삶을 변화시킬 수 있는 자유를 제공한다.

4장

여자끼리, 남자끼리

– 우정과 사랑에는 아들딸 구별이 없어요

남자애들은 이쪽이야!

"제 아들의 유치원 친구들 중에는 여자애들도 많았어요. 여자애들과 남자애들이 다 같이 놀았죠. 그런데 네 살쯤 되자 여자애들과 남자애들이 함께 어울려 놀지 않더라고요. 이 상황을 이상하게 생각하는 사람은 아무도 없었어요."

- 마르쿠스, 5세 아동의 부모

"제 아들이 유치원 친구들을 손꼽으며 이름을 말해 줬어요. 노엘, 카람, 카스페르, 에밀, 페테르…, 저는 그 반에 남자애들만 있는 줄 알았어요."

- 리타, 6세 아동의 부모

드디어 아이가 유치원에 간다. 아침부터 정신을 쏙 빼놓는 바람에 스트레스를 좀 받았지만 아이는 준비물을 제대로 갖추고 길을 나선다. 유치원에 도착하자 선생님이 나와서 아이를 반겨 준다.

"안녕, 필립! 선생님과 같이 남자애들이 뭐 하는지 보러 가자."

선생님은 아이의 이름을 소리 내어 불러 줌으로써 긍정적인 확신을 주고, 놀이가 진행되는 곳으로 아이를 데려가 소개한다. 모든 것이 그 아이, 심지어 부모를 중심으로 이루어진다. 아이를 선생님에게 인계한 부모는 제시간에 일터로 향할 수 있다.

하지만 이처럼 가장 평범한 상황에서도 우리는 우정과 놀이를 성으로 구분하고 있다. "여기에 남자애들이 있어!" 또는 "여기에 여자애들이 있어!" 이 같은 판에 박힌 말에서 우리는 아이들에게 성별의 중요성을 강조하고 있다. 여자아이들은 여자아이들과 놀고, 남자아이들은 남자아이들과 놀아야 한다는 것을 은연중에 말하고 있는 것이다.

성평등 솔루션

- 아이에게 모두와 친구가 될 기회를 주세요.

  "여기, 친구 한 명이 더 왔네!"

  "가서 아이들과 놀자!"

  "저기서 다른 친구들과 함께 놀자!"

- 놀이할 때 성별이 아닌 활동에 대해 이야기하세요.

  "여기, 축구광들이 다 모였네."

  "아, 여기는 그림 모임이구나!"

  "첨벙첨벙 물장구 팀이네."

  "여기는 집짓기 친구들이네."

- 아이들을 '얘', '쟤'라고 부르지 말고 이름을 불러 주세요. 그렇게 함으로써 당신은 모든

아이들이 친구이고, 함께 놀 수 있다는 사실을 아이에게 보여 줄 수 있습니다.

- 어린이집이나 유치원에서 무의식적으로 여자애는 여자애끼리, 남자애는 남자애끼리 놀게 한다면 상담을 통해 바로잡아 보세요.

둘은 그냥 친구예요

"어제 테오가 리센하고 노는 걸 봤는데, 참 귀여웠어요. 테오가 리센을 벽으로 밀더니 뽀뽀를 하지 뭐예요?"

- 수산느, 1세 아동의 부모

"미아와 빅고는 두 살 때부터 지금까지 쭉 제일 친한 친구였어요. 그런데 학교에 다니기 시작하면서 관계가 좀 변했어요. 두 아이가 사랑하는 사이라며 다른 애들이 흉을 봤대요. 그래선지 이제는 학교에서 돌아온 뒤에만 같이 놀아요. 미아에게는 다른 친구들도 있지만 빅고는 쉬는 시간에 완전히 혼자예요."

- 페테르, 7세 아동의 부모

남자아이 둘이나 여자아이 둘이 아주 친하게 지낼 경우 우리는 둘이 서로 사랑하냐고, 나중에 커서 결혼할 거냐고 묻지 않는다. 둘이서 노는 모습이 너무나 사랑스럽고 예쁜데도 말이다. 반대로 남자아이와 여자아이가 사이좋게 놀고 있으면 두 눈을 반짝이며 흐뭇한 표정을 짓는다.

■ 이성애란 자신의 성과 반대인 누군가를 사랑하는 것이다.

■ 이성애자가 표준이라는 생각은 모든 사람들이 이성애자라는 판단에 근거한 것이다. 남성적인 것, 여성적인 것은 당연히 서로 반대되는 개념이라고 생각한다면 불평등이 자연스러운 현상이라고 여기게 된다. 이성애를 표준이라고 생각하는 것은 평등권을 침해하며 우정, 가족, 사랑 등 우리 삶 전체를 바라보는 시각에 영향을 미친다.

우리는 종종 여자아이와 남자아이의 우정을 사랑으로 바꿔 버리는 함정에 빠진다. 어른들은 모든 아이들이 장차 이성애자가 될 거라고 기대한다. 이러한 시각은 우정이라는 이미지에 큰 영향을 미치며, 여자아이와 남자아이가 함께 노는 걸 방해한다. "우린 그냥 친구예요."라고 해도 "아니야, 너희는 사랑하는 사이야."라는 시선으로 바라보기 때문이다.

네다섯 살쯤 되면 이미 대부분의 여자아이들과 남자아이들은 누구를 선택해 놀아야 할지 안다. 또 그들이 서로 어떻게 관계를 유지해야 할지도 안다. 이성애라는 기준으로 볼 때 여자아이들과 남자아이들은 각자 따로따로 노는 게 옳다. 그들은 친구가 될 수 없다. 자신의 성과 반대인 친구를 가진 아이들은 같이 있을 때 말이나 행동을 주의해야 하며, 둘 사이가 사랑이 아니라 우정의 관계라는 것을 주변 사람들한테 보여 줘야만 한다. 호기심 어린 시선들이 부담스러워서 아이들은 자신과 성이 같은 친구를 찾는다.

어른들이 아이들의 순수한 우정을 이성애적 사랑으로 바라보면서 어른들의 선입관을 주입시킨다면 아이들은 많은 친구들을 잃어버리게 된다. 오랫동안 함께 잘 놀았던 친구를 단지 성이 다르다는 이유로 멀리하는 게 과연 바람직한 일일까? 우리 모두가 머리를 맞대고 고민해 볼 문제다.

성평등 솔루션

- 아이들과 함께 남녀의 로맨스가 아닌 다양한 형태의 우정을 다룬 이야기를 읽어 보세요.
- 아이에게 우정이나 사랑은 여러 형태로 나타날 수 있다고 알려 주세요. 여자아이와 남자아이가 좋은 친구일 수도 있고, 남자아이가 남자아이를 좋아할 수도 있습니다. 우정과 사랑은 성별을 뛰어넘는 감정입니다.
- 옛날이야기를 변형시켜 들려주세요. 우정과 사랑을 주제로 다양한 롤모델이 등장하겠죠? 예를 들어 신데델라가 왕자랑 좋은 친구가 되고, 신데렐라 언니들 중 한 명이 이웃나라의 공주와 사랑에 빠질 수 있습니다.
- 아이가 누구를 좋아하고, 나중에 누구와 사랑하고 싶은지 구체적인 단어로 표현하게 하세요.

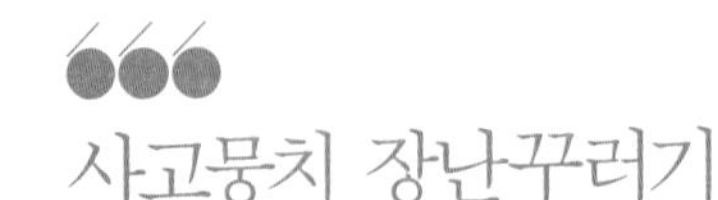

사고뭉치 장난꾸러기

"아가톤과 에스킬이 함께 노는 게 별로 탐탁지 않아요. 남자인 에스킬은 항상 뭔가를 망가뜨려요. 또 벽에 낙서하자고 부추기거나 모든 것을 결정하려 들어요."

- 요한, 2·4세 아동의 부모

"욕실 전체에 비누칠을 해 놓은 게 벌써 삼천 번하고 열한 번째예요. 정말 화를 안 내고 싶은데, 어쩔 수 없어요. 우리 집에서 늘 혼나거나 꾸지람을 듣는 사람은 제 아들밖에 없어요."

- 헬렌, 1·5세 아동의 부모

- 아이가 받는 지적의 85%는 부정적인 내용이다. 대개 남자아이들이 여자아이들보다 부정적인 지적을 더 많이 받는다.

– 카이사 발스트룀, 《여자아이, 남자아이 그리고 교육자》, 2003

- 유치원에 다니는 남자아이들은 크면서 지적을 더 많이 받는다. 반대로 여자아이들은 크면서 지적을 덜 받는다.

– 케테 스벤손, 〈젠더 시각에서 바라본 교육자들의 대응에 대한 보고〉, 2008

"얘 때문에 정말 미치겠어요. 주변을 계속 돌아다니면서 다른 아이들 놀이를 훼방 놓아요. 주의를 줘도 그때뿐이에요."

- 안-샬롯트, 교사

"남자애들은 말썽이 심해서 뭐든 망가뜨려요. 남자

애들하고 노는 건 재미가 하나도 없어요."

– 야스민·헤다·펠리시아, 9세 아동

남자아이들은 장난이 심하고 말썽도 몇 배나 더 피운다는 이미지가 있다. 이것은 우리의 편견이 만들어 낸 이미지다. 그 결과 많은 남자아이들은 어른들이 여자아이들 편을 들고, 무슨 일이 생겨도 무조건 남자아이 잘못이라고 지적하는 경우를 경험한다.

■ 연구에 따르면, 11세까지는 지적을 통해 배우는 게 거의 없다고 한다. 아이의 뇌를 보면 11세까지는 성공과 성취로 배우지, 실패로 배우지 않는다.
– 보 헬리스쿠브 엘벤, 《학교에서의 행동문제》, 2014

■ 아이의 자기파괴적인 행동은 관심을 달라는 요구로 받아들일 수 있다. 자기가 아프니까 좀 봐 달라고 도움을 요청하는 것이다.
– 예스퍼 율, 《공격성: 새롭고 위험한 금기》, 2014

어른들은 남자아이에게 물어보지 않는다. 대신 누가 무슨 사건을 일으켰는지 다 알고 있다는 투로 나무란다. 말썽을 부리는 남자아이들에 대한 이미지는 일반적으로 남자아이들이 여자아이들보다 더 많이 부정적인 주의를 받고, 또 그들이 해서는 안 되는 일이나 하지 말았어야 할 일에 대해 꾸지람을 듣는 것 때문에 견고해졌다. 한두 명의 남자아이들을 희생양 삼아 책임지게 하는 것도 일반적이다.

말썽을 부리고 물건을 망가뜨리는 아이들은 자신이 하지 않은 일에 대해서도 번번이 비난을 받는다. 이 같은 일들이 반복되면 남자아이들은 어른들의 꾸지람을 한 귀로 듣고 한 귀로 흘려버린다. "내가 안 그랬어요!" 하면서 말이다. 대다수 남자아이들은 부정적인 지적 앞에서 자신을 보호하는 방법을 찾는다. 또 장난을 심하게 치거나 어른의 말을 듣지 않는 행동을 남자다운 터프함이라 여기기도 한다.

짓궂고 말썽꾸러기라는 남자아이들의 이미지는 사실 남자아이와 여자아이 모두와 상관 있다. 많은 여자아이들이 남자아이들과 놀고 싶어 하지 않는 이유는 남자아이들에 대한 부정적인 이미지 때문이다.

내 잘못이 아니에요.

모든 남자아이들이 말썽을 부리고 물건을 망가뜨리는 건 아니다. 그런 남자아이들도 있고 얌전한 남자아이들도 있다. 그 이미지에 남자아이를 가두지 말기 바란다.

성 평 등 솔 루 션

- '안 돼!', '하지 마!'라는 말을 가급적 하지 마세요. 대신 아이가 무엇을 해야 하는지 구체적으로 말해 주세요. '창틀을 넘어가면 안 돼!' 대신 '밖에서 놀고 싶으면 문을 열고 나가렴'이라고 말하세요. '길에서 뛰지 마!' 대신 '천천히 걸어가렴. 아니면 내 옆에서 뛰렴'이라고 말하세요. '안 돼'와 '하지 마'는 잔소리로 들리기 쉽습니다. '안 돼'와 '하지 마'가 사라지면 오히려 아이들이 말을 더 잘 듣습니다.
- 아이들은 다 착하고 배려심이 많고 좋은 친구라고, 아이들에게 특히 남자아이들에게 분명히 전하세요.
- 산만한 아이들에게 새롭고 긍정적인 역할을 맡겨 보세요. 자기보다 어린 아이를 돕게 한다든지, 반려동물이나 인형을 돌보게 하는 것이죠.
- 다른 아이들의 놀이를 방해하는 아이들과 대화를 해 보세요. 아이에게 책임을 묻기보

다 그 행동 자체에 대해 이야기해 보세요. 또 왜 그렇게 했는지도 물어보세요. 아이의 대답에 귀 기울이세요.

"네가 발로 차서 부수면 아담과 민나가 슬퍼하잖아. 이리 와서 더 크게 만들자."

"왜 그랬니? 이유를 말해 줄래?"

- 만일 아이가 부정적인 지적을 받아야 하는 상황일 때는 인형, 장난감 등 아이와 가까운 물건을 앞에 두세요. 지적은 인형이나 장난감 등에게 하고, 아이는 지적한 문제에 대한 해결책을 내놓게 합니다.

"리틀 몬스터가 벽에 또 그림을 그렸네. 그림을 그리고 싶을 땐 종이에 그려야 한다는 사실을 리틀 몬스터에게 어떻게 알려 줄까?"

- 일을 벌인 아이에게 뒤처리를 맡기세요. 직접 수습하다 보면 죄의식도 덜어질 테고, 앞으로 책임감을 가지고 더 긍정적으로 행동하도록 이끌 수 있습니다.

"네가 닐스의 모자로 장난쳤잖아. 솔직히 재미가 하나도 없었어. 다른 사람 모자를 물웅덩이에 던지는 사람이 어디 있니? 모두의 기분이 좋아지려면 어떻게 해야 할까?"

- 아이들이 직접 자신이 벌인 일에 대해 설명하게 하세요. 당신의 생각이 어떻든 아이의 의견이 중요합니다. 열린 질문을 던져 보세요.

"무슨 일이니?"

"어떻게 할 셈이니?"

"지금 기분이 어때?"

"이제 우리가 할 수 있는 일이 뭘까?"

- 아이들, 특히 남자아이들이 부정적인 지적을 많이 받지 않도록 늘 주의하세요.
- '금지 규칙'보다는 '예스 법칙'을 만들어 적용하세요. 예스 법칙은 아이들이 할 수 있는 일들을 포함합니다. 아이들과 함께 집에서 적용할 수 있는 예스 법칙에 대해 이야기를 나눠 보세요. 유치원, 학교 등에서도 적용할 수 있겠죠.

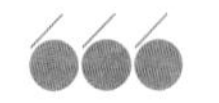

남자는 포옹을 싫어해

시몬이 니클라스를 꽉 껴안더니 밀어서 쓰러뜨린다. 어쩌면 이 상황은 시몬이 니클라스를 따뜻하게 포옹하려다 실수로 넘어뜨린 건지도 모른다. 실제로 어린아이들 사이에서는 포옹이 격렬한 레슬링으로 변하기 쉽다. 반면 성인 남자들끼리는 아무리 친해도 포옹하는 법이 거의 없고, 서로의 등을 탁 치는 행위 정도로 끝난다.

우정 관계에서는 친밀감이 성적 코드에 맞춰져 있다. 남자아이들은 주로 팔꿈치로 툭 치거나 떠미는 행동으로 친밀한 관계임을 표현한다. 여자아이들의 우정은 포옹, 손잡기 같은 애정 표현으로 알 수 있다. 역설적으로 남자들은 함께 운동할 때, 샤워나 사우나를 할 때 스스럼없이 가까운 모습을 보인다. 이때 남자들은 남성 동성애자와 성인 여자에 관한 농담을 하며 자신이 '진정한' 남자임을 과시하는 경향이 있다. 마치 자신은 여성스러움이나 동성애와는 거리가 멀다는 사실을 증명이라도 하듯이 말이다. 이것은 다 오늘날 우리가 만들어 놓은

만나기만 하면 껴안네.
니네 포옹병 걸렸니?

이상적인 남성상에 따른 행동이다.

그렇다면 남자아이들에게는 친근함이 필요치 않은 걸까? 포옹을 한 번도 받아 보지 못한 남자아이들한테 대체 무슨 일이 일어날까?

성평등 솔루션

- 모든 아이들과 우정을 나누게 하세요. 포옹과 뽀뽀는 우정을 표현하는 행동입니다.
- 아이에게 안기, 손잡기 등 긍정적인 접촉이 뭔지 알려 주세요. 모든 아이들, 특히 남자아이들이 친밀감을 표현할 수 있도록 해 주세요.
- 남자아이에게 남자 이름을 붙인 인형을 주고 다정하게 껴안아 보라고 하세요.
- 부모와 아이가 번갈아가며 서로의 몸을 마사지하세요. 마사지는 긍정적인 접촉, 즉 스킨십을 배울 수 있는 좋은 기회입니다. 다른 사람을 어떻게 만져야 부드럽고 편안할 수 있는지를 배울 수 있을뿐더러 누군가가 자신을 만졌을 때 기분이 좋은지 불쾌한지도 알 수 있습니다. 아이에게 마사지 받았을 때의 기분을 말로 표현해 보라고 하세요. 덤으로 마사지는 긴장을 풀어 주고 친밀감도 높여 줍니다.

누가 누가 더 잘하나?

"남자아이들은 누가 먼저 밖으로 나가는지 시합하고, 밖에서 놀다가 누가 먼저 안으로 들어오는지 시합해요. 자전거를 탈 때도 누가 빨리 달리는지 시합하고, 과일을 딸 때도 누가 빨리 따는지 시합해요. 정말 피곤해요."

- 울라, 교사

"그레게르는 항상 큰누나보다 먼저 받으려고 뛰어와요. 아들은 거침없이 돌진하는, 작은 불도저 같아요. 아무도 못 말린다니까요."

- 토비아스, 2·4세 아동의 부모

누가 가장 힘이 세고, 가장 높이 뛸까? 누가 가장 크고, 강하고, 잘하는지 겨루는 것은 남자들의 우정을 말할 때 반드시 포함된다.

내가 너보다 훨씬 빨리 뛰어!

남자아이들은 어렸을 때부터 경쟁하기를 좋아하고 자신과 다른 사람들을 자극시키는 일에 몰두한다. 한마디로 이기거나 앞서려고 한다. 누가 가장 예쁘게 그림을 그리는지, 누가 가장 친한 친구인지 등은 관련 없다. 오로지 신체적인 활동과 용감함에서만 경쟁한다.

내가 다 이길 거야.
절대 지지 않아!

'남자아이들의 우정' 하면 여럿이 모이는 것과 더 큰 무리에 속하기 좋아하는 모습이 떠오른다. 물론 큰 무리에서 많은 사람들과 어울려 노는 행위는 긍정적인 측면도 있다. 팀워크 훈련이나 많은 사람들 속에서 자신을 표현하고 다른 사람의 말에 귀 기울이는 점에서 말이다. 큰 그룹은 공동체 정신을 갖게 하고 전후 사정을 파악하게 해 준다. 또한 경쟁을 연습해 볼 기회를 제공한다. 이것은 아이의 창의성과 발전성에도 긍정적인 효과를 낳는다.

그런데 남자아이들의 놀이에 끼는 어른들은 거의 없다. 여자아이들이 놀 때와 비교했을 때 횟수가 아주 적다. 남자아이들은 어른들로부터 멀찍이 떨어져 혼자 노는 경우가 다반사다. 이러한 상황은 유치원에서 두드러지게 나타난다. 여자아이들은 대개 어른들 가까이 있는 반면 남자아이들은 어른들의 시야가 닿지 않는 곳에서 논다. 이 말을 달리 해석하면 남자아이들 스스로 규칙을 세워서 함께 어울리도록 내버려 두는 것이다.

이 같은 정글의 법칙은 몇 번이고 계속 적용되는데, 가장 높은 자리를 차지한 사람이 그리고 가장 소리를 크게 지르는 사람이 결정권을 얻는다. 제멋대로 성취하고 이의를 제기하는 것도 중요한 자산이지만, 이를 위해 편파적으로 아이를 대하는 건 바람직하지 않다. 아이들은 팀워크와 협력을 통해 다른 사람에게 피해를 주지 않는 법을 익혀야 한다.

속설에 따르면 여럿이 소통할 때 대부분의 남자아이들과 남성들은 직선적이다. 그래서 여자아이와 여성에 비해 갈등을 더 잘 다룬다. 직선적이란 자신의 생각이나 마음속에 담고 있는 이야기를 빙빙 둘러대지 않고 곧바로 전하는 것이다. 역설적으로 정글의 법칙이 적용되는 상황에서는 자신의 의견을 일방적으로 주장할 수 있는 기회가 그리 많지 않다. 직선적이고 솔직하게 소통하고 싶어도 잘되지 않는다.

어떤 무리에 대항하려는 사람이나 무리의 이상과 기준에 합당한 생활을 거부하려는 사람들은 그 무리에 합류할 수 없다. 무리에 끼려면 마음을 고쳐먹어야 한다. 남자아이들은 서로 간에 단호한 조치를 취함으로써 또는 기준을 어긴 상대 아이들을 비웃고 조롱함으로써 해당 경우가 그러하다는 것을 보여 준다. 동료의 압력과 계급 관계가 강하면 강할수록 집단의 이상과 기준에 도전하기가 훨씬 더 어렵다.

개인적이라는 말은 남자아이들의 우정과는 전혀 관계가 없다. 남자아이들은 서로 거리를 두는 것뿐만 아니라 자기 자신과의 일정 거리를 유지하는 것도 중요하게 여긴다. 집단 안에서 자신의 약한 모습을 보여 주는 것은 금기시되며, '진짜 사나이'라는 이미지를 충족시키기 위해 자기 자신과 자신의 감정을 통제하는 것이 중요하다.

네 목소리는
여자애 같아!

조금 더 큰 아이들은 "넌 여자가 아니잖아.", "넌 꼭 여자애들처럼 울어." 같은 말을 들으면 자신이 저지른 일탈 행위로 처벌을 받는 것처럼 여긴다. 남자아이들은 '여자애' 또는 '여자애 같은'이라는 말에 민감하게 반응한다. 이런 얘기를 듣게 하는 모든 것들과 거리를 둬서 자신의 정체성을 명백히 드러내려 한다. 여자아이들 그리고 여자아이들이 하는 행동을 평가절하하는 행위는 '남성'이 되어 가는 과정의 일부분이다.

■ 여성스러움으로부터 거리를 두는 행위는 남성성의 연대에서 중요한 부분이다.
– 위본 히드만, 《성: 변하기 쉬운 상태가 안정된다면》, 2002

성평등 솔루션

- 남자아이들에게 경쟁(시합)이 필요 없는 놀이를 권해 보세요. 여러 방면으로 이 사회는 남자아이들에게 시합과 도전을 요구하는데, 놀 때는 그냥 놀게 하세요.

  "정말 잘 돌보았구나. 배려심이 아주 깊어."

  "와, 다 같이 판 구덩이가 정말 굉장하구나!"

  "요나스한테 참 잘해 주네."

- 남자아이들이 협업할 수 있는 놀이를 해 보세요. 음식 만들기, 빵 굽기 등 여럿이 할 수 있는 놀이를 찾아보세요.

- 남자아이들에게 단둘이서 또는 소그룹에서 놀라고 하세요.
- 아이들에게 스스로의 길을 가라고 이르세요. 남녀 아이 모두에게 '말괄량이 삐삐'가 되라고 하세요. 인정받으려고 남들과 똑같아질 필요는 없습니다. 저마다 살아가는 방식이 다 달라서 이 세상은 재밌습니다.
- 놀 때 협력하라고 독려하세요. 골을 넣는 아이가 아니라 공을 패스하는 아이에게 점수를 주세요. 제일 먼저 끝내는 아이가 아니라 옆 친구를 도와준 아이에게 점수를 주세요. 모두가 힘을 합하면 얼마나 긴 빵 반죽을 만들 수 있는지 시도해 보세요.
- 다른 사람이 아닌 나 자신과 경쟁해 보라고 하세요.

  "어제보다 얼마 더 빨랐지? 오늘은 더 빨리 뛸 수 있을까?"
- 참아 내지 못할까 봐, 잘 안 될까 봐 걱정하거나 침대 밑에 괴물이 있을까 봐 두려워하는 인형을 하나 준비하세요. 그리고 아이에게 그 인형이 걱정과 두려움을 이겨 낼 수 있도록 도와주라고 이르세요. 그 과정에서 아이는 자신감을 얻고, 더 이상 자신의 부족함을 탓하지 않습니다.

단둘이 또는 여럿이

■ 여자아이들은 자신과 제일 친한 친구가 자기한테 화를 낼까 봐 두려워한다. 그래서 문제가 생겨도 정면 돌파를 피하고 그냥 자기가 안고 가려는 경향이 있다.
– 카이사 스빌레뤼드, 《젠더 교육》, 2002

우정과 관련된 또 다른 속설과 젠더의 함정은 여자아이들은 둘씩 짝지어 잘 논다는 것이다. 세 명이 놀 경우 한 명은 소외되기 십상이고, 엄마-아빠-아기 놀이에서 고작 개 역할을 맡는다는 것이다. 물론 동물 역할을 맡아도 아이는 즐거울 수 있다. 하지만 이 경우 한 아이가 더 낮은 지위로 또는 다른 아이들과 다른 조건으로 놀이에 참여할 수 있다는 걸 의미하기도 한다.

긍정적으로 바라보면, 둘씩 짝지어 노는 행위를 통해 아이들은 팀워크를 연습할 수도 있다. 서로의 이야기를 귀담아듣고, 협상하고, 타협하는 등 가까운 관계에서 일어날 수 있는 일들을 미리 경험해 보는 것이다. 또 이러한 관계는 심리적 안정감과 친밀감을 주므로 언어 발전에도 긍정적인 영향을 미친다. 단짝이 된 둘 사이에는 신뢰감뿐만 아니라 끈끈한 유대감도 싹튼다.

그러나 세 명의 여자아이가 사이좋게 놀 수 없다는 어른들의 선입관은 아이들의 행동을 제한하는 결과를 낳는다. 오히려 단둘이 놀 경우 상대가 '절친' 또는 '베프(베스트프렌드)'여서 주의하거나 신

우리는
절친이야!

경 쓸 일이 많다.

같이 노는 걸 좋아하는 여자아이들은 서로를 통제하려 든다. 두 여자아이가 돈독한 우정을 나눌 경우, 둘 사이는 우호적 관계일 수밖에 없다. 이런 경험을 한 여자아이들은 경쟁을 다소 부정적인 시선으로 바라보게 된다. 경쟁은 공동체의 결속을 와해시키고 분열을 일으킬 소지가 있기 때문이다.

여자아이들은 시합이 중요치 않다거나 자신이 이기길 원치 않는다고 말함으로써 경쟁 상황을 요리조리 피해 간다. 어른들은 애초 여자아이들은 경쟁, 시합 같은 데 흥미가 없다고 여겨서 여자아이들의 말에 고개를 끄덕인다. 경쟁은 이기려는 의지와 기질이 참가자들에게 있어야 이루어진다.

또한 여자아이들한테는 험담이나 뒷담화를 잘한다는 이미지가 있다. 안 보는 데서 친구를 잘 헐뜯는다는 것이다.

우리 사이에
끼어들지 마!

만일 여자아이들끼리만 놀게 한다면 어떻게 될까? 그 아이들은 자신이 속한 공동체가 무너지지 않도록 애를 쓸 것이다. 공동체를 위협하는 아이가 있다면, 나쁘게 말해서 그 아이가 발붙이지 못하게 할 것이다. 그럼으로써 공동체 정신의 장벽을 더 튼튼히 쌓고 다른 사람을 제외시킬 수 있기 때문이다. 하지만 같다는 의미를 강조할 경우 주변 사람들과 불협화음이 생길 수 있으며, 불쾌한 감정을 느끼게 만들기도 한다.

어떤 무리에 정글의 법칙이 적용될 때와 마찬가지로 절친 관계에서도 종종 고정 역할과 명확한 기본 원칙이 적용된다. 분위기가 부드럽게 흘러가기 때문에 전혀 평등할 이유가 없는 것이다. 그 대신 늘 같은 아이가 놀이를 이끌려 하고, 창의적인 부분을 떠맡으려 할 것이다. 이 경우 다른 아이들은 대장 역할을 하는 아이를 따르면서 그 상황에 적응한다. 놀이를 통해 새로운 역할과 자질을 연습해야 하는데 다른 아이들에게는 그런 기회가 아예 없거나 줄어든다. 정글의 법칙이 적용될 때와 똑같이 말이다.

성평등 솔루션

- 여자아이에게 셋이서 또는 대그룹에서 놀라고 하세요. 집에서 놀 경우엔 아이의 친구들 중 두 명 이상을 초대하면 되겠죠?
- 딸아이가 제일 친한 친구에 대해 이야기하면, 제일 친한 친구는 여러 명일 수도 있다고 말해 주세요. 어떤 아이하고는 게임을 할 때 제일 친하고, 또 어떤 아이하고는 나무

타기를 할 때 제일 친할 수 있습니다.

- 아이들의 놀이에 적극적으로 개입하세요. 잘 못 어울리는 아이가 있거나 매번 같은 역할을 하는 아이가 있다면 놀이에 참여해 새로운 아이디어를 내놓으세요. 강아지가 외계에서 온 생명체일 수도 있고, 갓난아이가 불을 내뿜는 무시무시한 괴물일 수도 있습니다.

- 아이들에게 협력하는 과정에서 의견 충돌은 당연하다고 말해 주세요. 사람마다 생각과 의견이 다를 수 있으므로 아주 자연스러운 일이라고요. 다른 사람의 생각을 읽을 수 없으니 의견 충돌이 생길 수밖에 없습니다. 따라서 의견 충돌은 위기 상황이 아니라 각자의 다른 의견을 알 수 있는 기회입니다.

- 아이들, 특히 여자아이들에게 스스로 결정하라고 하세요. 아이들 한 명 한 명에게 뭘 하고 싶은지 물어보세요. 직접 선택함으로써 동기부여를 할 수 있습니다.

  "네가 원하는 놀이를 하자. 뭐가 좋을까?"

  "어떻게 생각하니? 네 의견을 말해 줘."

- '다르다' 또는 '다양하다'는 말을 긍정적인 맥락에서 사용해 보세요. 그러면 아이들은 다양성의 좋은 점을 깨닫고 적대적 태도를 보이지 않습니다.

  "얼마나 다른지 좀 봐!"

  "다른 장갑을 꼈네. 재밌다."

  "사람마다 자는 모습이 달라. 어떤 사람은 이불을 목까지 덮고 자지만, 어떤 사람은 배만 덮고 잔단다. 아예 이불 없이 자는 사람도 있어."

  "너는 네 방법대로 해. 나는 내 방법대로 할게. 굳이 같은 방법으로 안 해도 돼. 우리 다르게 해 보자. 괜찮지?"

다 같이 사이좋게 놀자

"제 생각에 팀은 여자아이들과 놀고 싶은 마음이 굴뚝같은데, 표현을 못 하는 것 같아요. 여자아이들에게 어떻게 다가가야 할지, 함께 놀려면 어떻게 해야 할지 정말 모르는 것 같아요."

- 옌뉘, 3세 아동의 부모

"로사는 남자아이들과 잘 어울려 놀지 못해요. 어른들이 다른 아이들에게 같이 놀라고 말하지만, 로사는 거기 끼지 못하네요."

- 다르코, 4세 아동의 부모

"우리는 남자애랑 놀고 싶지 않아요. 남자애들은 잘 못 놀아요."
"세바스티안하고는 잘 놀잖아? 그 애도 남자인데."
"개랑은 공룡놀이밖에 못 해요. 여자애들끼리는 더 복잡하고 재밌는 놀이를 한단 말이에요."

대부분의 놀이에는 교묘함이 숨어 있어 숙달되지 않은 사람 눈에는 규칙들이 보이지 않는다. 또 어떻게 하면 그 놀이에 낄 수 있는지

■ 스웨덴 남자 다섯 명 중 한 명 그리고 여자 열 명 중 한 명이 가까운 친구가 없다고 한다.
– 스웨덴 통계청, 2013

■ 스웨덴 유치원생 아홉 명 중 한 명은 친구가 없다고 한다.
– 환니 존스도티르, 〈유치원 아이들의 친구 관계〉, 2007

에 대한 요령들도 보이지 않는다. 아이들과 함께 놀려면 먼저 놀이 방법을 제대로 알고, 놀이에 적용되는 규칙들을 살펴봐야 한다. 어떤 경우에는 그러한 요건들이 아주 제한적이고 엄격하다. 간혹 개방적일 때도 있긴 있지만 대부분은 새로운 아이에게 문을 쉽게 열지 않는다.

놀이에 참여할 수 있는 첫 번째 방법은 아이가 먼저 다가가 같이 놀자고 청하는 것이다. 그럼 먼저 놀던 아이들이 역할을 정해 줄 테고, 그다음에 같이 놀 수 있다. 두 번째는 최신 장난감 같은, 다른 아이들이 관심을 보일 만한 물건을 가지고 오는 것이다. 세 번째는 "얘들아, 같이 놀자." 하면서 그냥 놀이 안으로 덥석 뛰어드는 것이다. 이외에도 여러 방법이 있다. 아이 스스로 역할을 생각해 낸 다음 놀이 안에 발을 들여놓기도 한다.

어른들은 분위기를 파악할 수 있는 능력을 가졌다. 그리고 여러 상황에서 적용되는 규칙에 대해서도 빨리 터득한다. 하지만 아이들은 그 일이 쉽지 않다. 규칙은 눈에 보이지 않기에 아이들은 놀이 자체를 잘 알지 못한다. 또 아이들은 어떤 상황인지 읽어 내는 능력도 부족하다. 그래서 자신이 무슨 잘못을 했는지, 놀이에 왜 끼지 못하는지 등을 아이들은 좀처럼 이해하지 못한다.

야옹~,
나도 끼워 줘.

아이들 스스로 누구랑 놀고 싶은지, 어떤 놀이를 하고 싶은지 정하라고 할 경우 우리는 곧 함정에 빠지고 만다. 우리는 남자아이들과 여자아이들이 함께 놀 수 있는 방법을 잘 모른다. 여러 가능성을 마련해 줘야 하는데 말이다.

또 남자는 남자끼리, 여자는 여자끼리 어울려 놀수록 각각의 놀이 방법과 규칙을 다르게 발전시킬 가능성이 더 커진다. 그러한 아이들은 제한된 역할에 몰두하거나 모든 아이들이 자신들이 잘 아는 방법으로 논다고 생각하기 쉽다. 이 경우 새로운 친구를 만나 친하게 지내는 일이 서투를 수 있다. 뿐만 아니라 준비가 덜 돼 있어 새 친구를 사귀는 데 어려움을 겪을 수도 있다.

성평등 솔루션

- 유치원 밖에서 아이들이 새 친구를 사귈 수 있도록 해 주세요. 유치원에서 제일 친한 친구와 수영 강습을 함께 받을 필요는 없겠죠. 수영장에 가면 새 친구를 사귈 수 있으니까요. 여러 사회적 상황에 놓이면 다양한 역할들을 경험할 수 있습니다.
- 친구라고 해서 꼭 또래 아이일 필요는 없습니다. 어른, 동물, 인형 등일 수도 있습니다.
- 다른 아이들에게 쉽게 다가가지 못한다면 용기를 북돋아 주면서 한번 시도해 보라고 하세요. 친구가 되는 방법은 많습니다. 옆에 가서 그냥 놀거나, 직접적으로 "우리 같이 놀래?"라고 말하는 것이죠. 아이와 함께 여러 방법들을 연습해 보세요. 그러면 실제 상황에서 아이가 긴장하지 않고 스스럼없이 행동할 수 있습니다.

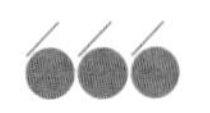

장난일까, 폭력일까?

"제 아들은 유치원 가는 게 무섭대요. 친구들이 장난이라며 격투기놀이를 하자고 하는데, 싫다는 말을 못 하겠대요."

- 블라디미르, 5세 아동의 부모

"제 아이가 큰아이반에 들어가니까 놀이의 형태가 바뀌더라고요. 마구 소리를 질러 대거나 레슬링 같은 몸싸움을 하거나 서로 떠미는 놀이가 무척 많아졌어요."

- 미리암, 5세 아동의 부모

"남자애들은 몸싸움이 많아서 다루기 힘들어요. 아이들이 놀다가 서로 세게 떠밀면 어떻게 해야 할지 모르겠어요. 다 그렇게 놀거든요. 다치거나 울지만 않으면 그냥 둬도 괜찮을까요?"

- 이다, 교사

남자아이들은 여자아이들에 비해 폭력적인 환경에 노출되기 쉽다. 누구 하나가 넘어질 때까지 힘껏 떠밀거나 울음이 터지기 직전까지 마구 뒤엉켜 있는데도 어른들은 남자아이들을 내버려 둔다. 상황이 좀 심하다 싶어야 어른들 중 한 명이 개입해 아이들을 떼 놓는 경우가 많다. 보통 누구 한 명이 울어야 이 폭력적인 놀이는 끝이 난다. 이 경우 우리는 아이들에게 어떤 신호를 보내야 할까?

남자아이는 다른 남자아이들과 함께 있을 때 더 폭력적이다. 이 상황을 자연스럽게 여기는 이유는 사내다움에 대한 이상 때문이다. 사내다움에는 씩씩하고 강해서 상처 입지 않는 것도 포함된다. 어른들은 남자아이들 사이에서 폭력이 벌어지면 잘못이라고 훈계하는 대신 "남자애들이 다 그렇지 뭐."라고 말한다. 남자아이들은 다 그렇게 행동하고, 다 그렇게 논다는 식이다.

그럼, 대부분의 여자아이들은 왜 그러지 않는 걸까? 만일 여자아이들이 서로 밀쳐서 넘어뜨리거나 사납게 달려든다면 어떻게 될까? 분명 어른들이 개입해 다른 놀거리를 찾아보라고 타이를 것이다. 반면 남자아이들이 그런 행동을 하면 대부분의 어른들은 말려야 할지, 그냥 내버려 둬야 할지 고민한다. 아마 자신들의 어린 시절을 떠올리면서 '나도 저렇게 싸우면서 컸는데….'라고 생각할 것이다. 대개는 남자아이들의 싸움을 당연하게 여긴다.

폭력적인 놀이를 눈감아 준 결과 아이들의 폭력이 일상이 되었다. 그 이유는 폭력을 놀이로 생각하기 때문이다. 집, 놀이터, 유치원은 모든 아이들에게 안전한 장소여야 한다. 어느 누구도 두려워하거나 맞

■ 2015년 스웨덴에서는 85,100건의 폭행이 신고되었다. 그중 82%가 남성이 가해자였다.
– 스웨덴 범죄예방위원회

거나 떠밀리는 위험이 없어야 한다. 만일 우리가 직장에서 세게 떠밀렸다고 생각해 보라. 또 커피를 가져오는데 누군가가 정강이를 걷어찼다고 생각해 보라. 어떤 기분이 들겠는가.

놀이는 물론이고 영화부터 컴퓨터 게임에 이르기까지, 남자아이들한테 맞춰진 아동문화의 상당 부분이 폭력에 노출돼 있다. 닌자거북이, 스타워즈 캐릭터 모두 악당에 맞서 싸운다. 이외에도 많은 이야기에서 선하고 정의로운 주인공은 상당히 잔인한 방법으로 악한 자와 대결한다. 친절을 베풀거나 도움을 주거나 서로를 존중하는 이야기는 아주 드물다.

신체를 사용하는 놀이가 제대로 행해지려면 아이들에게 놀이의 규칙을 제대로 알려 줘야 한다. 몸을 활용하는 놀이에도 해서는 안 되는 행동이 있다고 말이다. 물론 아이들이 그런 규칙들을 배울 용의가 있어야 한다. 또 아이들 스스로 경계를 넘기 전에 멈출 수 있어야 한다. 혹시라도 아이가 경계를 넘어섰거나 바닥에 누워 울고 있다면 어른들이 나서야 한다. 아이가 옳고 그름의 경계를 알 거라고 생각해서는 안 된다.

특히 높은 곳에서 뛰어내리기처럼 다칠 위험이 있는 놀이라면 아이가 아무리 떼를 쓰고 고집을 피워도 말려야 한다. 어떤 행동을 제한하는 것은 다 그럴 만한 이유가 있어서다. 그 점을 아이에게 이해시켜 줘야 한다.

어머, 얘들 좀 봐.
에너지가 철철 넘치네.

- 남자아이와 여자아이가 다 같이 할 수 있는 레슬링, 줄다리기 같은 게임을 준비하세요. 아이들에게 정해진 규칙 아래서 신체적 힘을 시험할 수 있는 기회를 제공하세요. 이때 반드시 어른이 옆에 있어야 합니다. 그래야 문제가 생겼을 때 바로바로 개입할 수 있겠죠. 이런 놀이를 통해 아이들은 스스로 힘을 조절하면서 강도가 더 세지기 전에 멈추는 법을 익힙니다. 또 다른 아이들의 감정을 배려하는 법도 배웁니다.

지금 우리는 장난치고 있어요!

- 아이들이 장난치면서 서로를 때린다면 반드시 개입해 말리세요. 장난이더라도 폭력은 안 됩니다.
- 아이들이 장난스런 몸짓으로 서로를 때리거나 밀칠 때는 뭐라 해야 할지 모르겠다고요? "그만해!", "하지 마!", "서로 때리고 싸우는 건 안 돼!"라고 말하면 충분합니다. 왜 안 되는지 길게 설명할 필요도 없습니다.
- 때때로 아이에게 누가 손으로 밀었거나 발로 찬 적이 있는지 물어보세요. 또 그런 비슷한 상황을 얼마나 자주 겪었는지 물어보세요. 그럴 때 기분이 어떤지도 물어보세요. 다른 아이들을 다치게 할 수 있는 행동에 대해선 '무관용 원칙'으로 대응해야 합니다. 아이에게 왜 다른 사람들을 해치면 안 되는지 설명해 주고, 그런 상황에 처했을 때 사용할 수 있는 말("그만!", "멈춰!" 등)을 가르쳐 주세요.
- 아이에게 저항하는 법을 알려 주세요. 누가 밀친다고 자기도 밀쳐서는 안 된다고 하세요. 누가 기분 나쁘게 말해도 되받아치지 말라고 하세요. 쉽지 않은 일이므로 전략이 필요합니다. 아이와 함께 그럴 때는 어떻게 행동하면 좋을지 이야기를 나눠 보세요. "그만해! 나한테 그러지 마!"라고 하면서 그 자리를 벗어나는 것도 한 방법입니다.
- 친구를 때린 아이에게 팔짱을 끼라고 이르세요. 그냥 두면 또 때릴 수 있으니까요.
- 다른 아이들이 싸울 때 관망하지 말라고 가르치세요. 직접 싸우지 않더라도 옆에 서

서 보는 것만으로도 그 싸움에 참여하는 것임을 아이에게 이해시켜 주세요. 이렇게 함으로써 아이들에게 진정한 용기가 무엇인지 그리고 그것이 왜 중요한지 가르칠 수 있습니다.

- 어른들이 몸소 폭력은 나쁘다는 걸 보여 주세요. 폭력적인 상황과 거리를 둠으로써 어른들이 폭력을 어떻게 생각하는지 명확하게 알려 주세요. 그러면 폭력에 노출된 아이나 폭력을 사용하는 아이 모두가 폭력은 용인될 수 없음을 깨닫습니다.

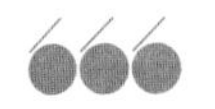

여자애가 무슨 축구니?

"매일 축구장에서 살더니 아들의 슈팅 실력이 엄청 늘었어요."

- 욘, 4세 아동의 부모

"좀 컸으니까 노라가 승마를 시작했으면 좋겠어요. 말을 보세요. 커다란 눈과 부드러운 얼굴, 얼마나 귀여워요?"

- 파트리시아, 3세 아동의 부모

"제 아들은 초등학교 3학년이 되자 농구 팀에 들어가고 싶어 하더라고요. 여자애들과 남자애들이 함께 뛰는 열정적인 팀이었죠. 실력도 꽤 좋았어요. 그런데 농구 대회 주최자는 혼성 팀이라며 경기에 참가할 수 없다고 했어요. 아이들에게 우리 팀은 농구 대회에 나갈 수 없다고 설명해 주려는데, 너무 화가 났어요. 아무것도 할 수 없는 제 자신이 한심하고 바보처럼 느껴졌어요."

- 마리아, 9세 아동의 부모

"어떻게 해야 할지 모르겠어요. 한스는 테니스 강습을 받으려 하지 않고 그냥 옆에 서 있으려고만 해요. 축구도 마찬가지예요. 스포츠 활동에 관심이 없어요."

- 클라스, 5세 아동의 부모

요즘 아이들은 개인 활동보다 스포츠나 여러 형태의 여가 활동을 즐기는 경우가 더 많은 것 같다. 각각의 스포츠는 친구(선수), 경기, 합숙 그리고 부모들로 이루어진 고유의 작은 세계에서 펼쳐진다. 스포츠는 사회적 상호작용과 관련이 많으며 규칙, 규범, 행위, 가치 평가 등에 대해 배울 수 있는 기회를 제공한다. 그 밖에도 여자아이들과 남자아이들이 좋아하고 참여하려는 활동들이 무엇인지에 대한 강력한 젠더 코드와 명확한 그림들이 있다.

보통 우리는 여자아이들에게 체조를 배우거나 춤을 추거나 노래를 부르거나 발레를 하라고 말한다. 반면 남자아이들에게는 축구나 야구, 탁구, 농구를 하라고 격려한다. 아이들이 어렸을 때는 힘이나 속도, 민첩성 면에서 남녀 간의 어떤 신체적 차이도 없다. 그런데도 많은 스포츠들이 어린아이들조차 여자 팀, 남자 팀으로 나누어 경기를 시킨다. 성별에 따라 활동을 분류하는 것은 너무도 당연시돼 있어 여기에 이의를 제기하는 경우는 아주 드물다.

한편, 아이들이 늘 스스로 활동을 선택하는 것은 아니다. 주로 아이가 속한 지역에서 제공하는 활동이나 부모들이 원하는 활동, 즉 자신의 아이들이 잘했으면 하는 활동들을 남녀 아이들에게 권한다.

여러 가지 활동들에 대한 견해와 가치 평가는 확고하다. 승마를 하는 여자아이들은 대개 말을 예뻐하고 좋아해서 말을 탄다고 말한다. 강하고 용감한 모습에 이끌려 말을 탄다고 이야기하는 경우는 거의 없다. 춤을 잘 추기 위해서는 근력과 균형감 등이 요구된다. 마찬가지로 축구나 하키를 잘하려면 감수성과 대인 관계 기술 등이 필요하다.

■ 승마의 경우 여자아이들이 리더를 맡는다. 말은 성격이 그다지 순하지 않으므로, 승마자는 분명하고 정확하게 그리고 흔들림 없이 지시하는 것을 배운다.

– 레나 포스베리, 〈협상의 힘 키우기〉, 2007

■ 호모포비아란 동성애 또는 동성애자를 무조건적으로 혐오하거나 차별하는 것을 말한다.

또한 스포츠에는 섹시한 요소와 광범위한 호모포비아(동성애 혐오증)가 있다. 대부분의 사람들은 여자 축구는 남자 축구보다 실력이 없고 재미가 덜하다고 생각한다. 그리고 젊은 여성들 사이에서 춤추는 젊은 남성들은 찬사와 함께 남성답지 못하다는 얘기를 듣는다. 다른 남성들 눈에는 춤추는 남성이 좋게 보일 리 없을 테니 말이다.

성평등 솔루션

• 아이가 어떤 활동에 흥미를 보이나요? 방과 후 활동 분야를 선택할 때는 아이의 관심사로부터 출발하세요. 아이가 이것저것을 조금씩 해 본 다음 가장 마음에 드는 활동을 선택할 수도 있겠죠.

• 여러 가지 방과 후 활동을 하면서 평소에는 몰랐던 것들을 아이에게 말해 달라고 강

사나 코치에게 부탁하세요.

"근력이 이 정도는 있어야 춤을 추지."

"말을 탈 때 아주 용감하구나."

"축구를 할 때는 협력이 중요해."

"균형감이 좋아서 스케이트를 잘 타는구나."

"책을 많이 읽으니 단어도 많이 알겠네."

- 아이들이 여자 팀, 남자 팀으로 나뉘어 활동한다면 강사나 코치에게 그 이유가 뭔지 물어보세요. 그리고 남녀 아이들이 한데 섞여서 활동하면 어떨지 제안해 보세요.
- 사람들의 관심이 적은 비인기 분야에서 자신의 존재감을 떨친 인물들을 찾아내 아이들에게 소개해 주세요. 예를 들면 유명 발레단의 남자 무용수나 여자 월드컵 대회에서 기량을 떨친 축구 선수 등이 있겠죠.

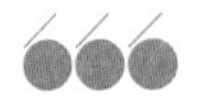

생일 파티에 누구를 부를까?

아이의 생일, 친구들과 친척들을 초대해 근사한 생일 파티를 열 계획이다. 이제 누구를 초대할지 명단을 작성해야 한다. 그런데 누구에게 초대장을 보낼지 고민이다. 유치원 친구들을 모두 초대할까? 아니면 몇 명만 초대할까? 만일 아들이 남자아이들만 부르고 싶다고 한다면 부모는 고민거리가 사라졌다고 생각할지도 모른다. 어쨌든 아들이 자기랑 친하게 노는 아이들을 초대하고 싶다는 뜻을 밝혔으니까.

넌 내 파티에 오면 안 돼!
남자애들만 부를 거거든.

남자아이 생일 파티와 여자아이 생일 파티를 열 때 젠더와 관련해서 쉽게 빠지는 함정은 우리가 아이들을 구별하기 위해 성별을 따지는 것을 용인한다는 것이다. 심지어 어떤 아이들을 초대 명단에서 아예 빼 버리기도 한다. 하지만 대부분의 부모는 머리색이 금발이거나 키가 작은 친구, 요란스럽거나 재미있는 친구들만 초대하고 싶다는 아이의 요청을 받아들이지 않을 것이다.

앨리스, 소피아,
한스, 휴고…,
다 초대하자!

아이들의 생일 파티는 종종 중요한 기회가 된다. 적어도 아이들이 어렸을 때는 초대받은 아이들이 누구인지가 아주 중요한 문제다. 간혹 아이들은 "넌 내 생일 파티에 오지 마!"라고 함으로써 누군가와 친구가 되고 싶지 않다는 표시를 명확히 하기도 한다. 친구 생일 파티에 갈 수 없다는 사실은 아이에게 유쾌한 일이 아니다. 더욱이 자신이 여자라서 또는 남자라서 배제된 걸 알면 상심이 클 것이다. 혹 우리는 생일 파티에 남자아이만 또는 여자아이만 초대하는 것을 당연시하지는 않는가. 만일 그렇다면 우리가 아이에게 잘못된 가치관을 심어 주는 건 아닌지 생각해 봐야 한다.

성평등 솔루션

- 가능하다면 같은 반 친구들을 모두 초대하세요. 새로운 친구들을 사귈 기회가 될 수 있습니다.
- 기발한 아이디어로 색다른 생일 파티를 연출하세요. 큰돈을 들이지 않고도 재미난 파티를 기획할 수 있습니다. 공원에서 뛰어노는 야외 파티, 각자 먹을 것을 가져오는 포트럭 파티, 부모와 함께 오는 수영장 파티는 어떨까요?
- 만화 캐릭터 파티, 피자 파티, 쿠킹 파티, 우주선 파티 등에 아이들을 초대해 새로운 역할을 경험하게 하세요. 모든 아이들이 같은 일을 경험한다면 더 빨리 친해지겠죠? 공통점이 있으면 유대감이 생기기 쉽습니다.

Key Point

평등한 관계

아이들은 다른 아이들과 어울리면서 여러 가지 역할, 성격 그리고 완성도에 대해 시험해 볼 수 있다. 우정 평등권이란 모든 아이들을 잠재적인 친구로 보는 것이다. 만일 우정 평등권이 있다면 어떤 아이든 원치 않는 성을 가지고 태어났다는 이유로 무리에서 제외되거나 버려지는 일은 없을 것이다. 또한 놀이의 규칙을 잘 모른다고 해서 죄책감을 느끼는 일도 없을 것이다.

시합이나 협업에 참여할 수 있는 기회는 모든 아이들에게 공평하게 주어져야 한다. 아이들은 그것에 도전하기 위해 그룹(모임)을 만들 수도 있다. 서로의 의견이 달라 충돌할 때 어떻게 처신해야 하는지도 배울 수 있고, 자기만의 길을 가는 것이 흥미진진할 수 있음을 깨달을 수도 있다. 아이들은 다름을 긍정적으로 받아들이는 한편, 자신의 정체성과 친구 관계를 아주 자유롭게 만들어 나갈 것이다.

착한 여자, 강한 남자

– 감정 표현에는 아들딸 구별이 없어요

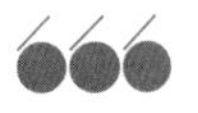

눈물 뚝! 남자는 안 울어

어린아이들이 우는 건 전혀 이상한 일이 아니다. 말이 서툰 어린아이들은 울음으로 자신의 감정을 표현하고, 어른들은 그때마다 상냥하게 달래 준다. 그런데 시간이 갈수록 남자아이들의 눈에서 눈물이 사라진다. 자라면서 남자아이들은 울면 안 된다는 것을 터득하기 때문이다. 많이 우는 남자아이들은 어른들의 지친 한숨 소리와 짜증스런 시선을 접하나, 기운을 내 눈물을 닦으면 응원과 격려가 쏟아진다. 물론 늘 이렇지는 않지만 대부분의 어른들은 남자는 울면 안 된다고 가르친다.

별일 아니야.
다 잊고
즐겁게 뛰놀아.

다 큰 애가
울긴 왜 울어?

1700년대 서부 유럽의 귀족들 가운데 '진짜' 남자들은 자신의 감정을 드러내고 눈물을 흘릴 수 있었다. 남자의 울음을 나약함으로 간주하는 오늘날 분위기와는 사뭇 달랐다.

누가 내 눈물을 닦아 줄까?

운다는 것은 이성을 잃는 것과 유사하다고 여겨, 어려운 상황이나 개인적인 비극 앞에서도 절대 울지 않는 남자들이 많다. 눈물을

흘려도 안아 주거나 어깨에 따스한 손을 얹어 줄 누군가가 옆에 없어 외로운 경우라면 더더욱 그러할 것이다. 사람들은 눈물이 여자의 전유물이라고 말한다. 물론 모든 여자들이 잘 우는 것은 아니다. 웬만해서는 울지 않는 여성이 남성만큼 많지 않기에 그런 이야기가 자연스레 생겨났다.

남자들이 잘 울지 않기 때문에 남자는 슬픔에 강하다는 생각을 하기 쉽다. 정말 그럴까? 남자들은 눈물샘이 막혔다고 말하는 것만큼이나 터무니없는 주장이다. 남자들은 슬픈 감정을 억지로 감추거나, 아니면 사람들이 이해할 만한 다른 감정들로 바꿔서 표현한다. 슬픈 상황에서 화를 내는 것이다. 사실, 아무리 매정한 사람이라도 슬픔이 북받쳐 오르는 순간에 눈물을 참기란 어렵다. 오히려 슬픔이 다른 감정들까지 깨워 걷잡을 수 없이 눈물이 흐르게 만든다.

일반적으로 남자들은 힘들고 아픈 일이 생겨도 다 잘될 거라고 생각하며 참는다. 이 때문에 슬픔이 흐지부지 덮여 버리는 일이 많다. 울고 싶을 때는 울어도 된다. 슬픔의 표현은 정신적 건강에 도움이 되며, 훌륭한 자기 인식과 공감 능력을 발전시키는 전제 조건이다.

성평등 솔루션

- 분위기가 좀 무거워지더라도 아이들과 함께 슬픔과 눈물에 대해 이야기해 보세요. "슬프고 속상할 땐 울어도 괜찮아."라고 말해 주세요.
- 특히 남자아이들이 울 수 있도록 분위기를 잡아 주고, 자신의 감정을 말로 표현해 보라고 하세요. 울어도 괜찮다고, 눈물을 통해 자기 안의 슬픔이 밖으로 나오면 슬픔은 더 이상 몸속에 존재하지 않는 거라고 말해 주세요.
- 남자아이나 어른이 우는 상황에 대해 아이에게 설명해 주세요. 감정을 설명할 때는 영화나 책이 좋은 도구가 될 수 있습니다.
- 당신의 우는 모습을 아이에게 보여 주세요. 어른들도 슬플 때는 눈물을 흘린다는 걸 알려 주세요. 그러고는 실컷 울고 나면 무거웠던 마음이 한결 가벼워진다고 말해 주세요. 당신의 감정을 말로 표현하세요.

  "속상하고 우울해."

  "지금은 슬픈데, 조금 있으면 괜찮아질 거야."

  "기분이 별로야. 좋아지려면 시간이 좀 걸릴 것 같아."

- 아이랑 놀면서 슬픈 상황을 연출해 보세요. 아이가 눈물을 흘릴 경우 괜찮다고 위로해 주세요. 슬픔을 어떻게 표현할 수 있는지, 또 우는 사람을 어떻게 위로할 수 있는지 함께 터놓고 얘기해 보세요.

슬픔은 분노가 되고, 분노는 슬픔이 되고

"여동생은 정말 울보예요. 아무 짓도 안 했는데 울고, 아빠한테 쪼르르 달려가 고자질해요. 그런데 남동생은 안 그래요. 별일 아니라는 듯 하던 일을 계속해요."

- 마르코, 3·5살 동생의 오빠이자 형

"아들이 걸핏 하면 화를 내고 심술을 부려요. 왜 그러냐고 물어도 말을 안 해요. 아들한테 무슨 문제가 생긴 건지, 지금이 그럴 나이인 건지 도통 모르겠어요."

- 스테판, 6세 아동의 부모

"여자아이들은 정말 많이 울어요. 거짓 눈물인 줄 알면서도 모른 체하고 그냥 받아 줘야 할까요? 가끔은 너무 힘들어요."

- 크리스텔, 교사

정글짐에서 노는 두 아이가 있다. 한 아이는 울고 있고, 다른 아이는 소리를 지르며 발을 쿵쿵 구르고 있다. 일반적으로 사람들은 우는 행위는 슬픈 것으로, 발을 구르는 행위는 성난 것으로 해석하는 경향이 있다. 그렇지만 정반대의 해석도 가능하다.

남자아이들은 슬픔을 분노와 좌절감으로 표현하기도 한다. 눈물보다 화내는 게 더 잘 받아들여지기 때문이다. 여자아이들은 정반대다. 여자애들의 분노는 슬픈 감정으로 변화되고 눈물이라는 형태로 배출된다. 그래선지 두 감정이 한데 섞여 하나의 감정으로 표현되는 일도 많다. 또 시간이 갈수록 아이들은 두 가지 감정을 구별하기 어렵게 만들어 버린다.

분노와 슬픔은 중요한 감정이다. 분노는 자기 자신의 경계들이 어디까지인지를 보여 주고, 강력하게 아니라는 의사 표명을 할 수 있도록 해 준다. 우리는 슬픔이라는 감정을 통해 우리의 존재 가치와 존재의 중요성을 경험하기도 한다.

많이 우는 아이들은 어쩌면 눈물 말고는 달리 자신의 감정을 표현할 방법이 없어서인지도 모른다. 툭하면 싸우고 시끄럽게 다투는 아이들도 마찬가지일 수 있다. 어쩌면 그들은 마음 속 깊은 곳의 슬픔을 위로해 줄 따스한 품이 그리운 것인지도 모른다. 그런 아이들에게 우리가 보여 준 거친 말과 짜증스런 몸짓은 오히려 상처가 되었을 것이다. 다투면 다툴수록 아이들은 따스한 품으로부터 멀어지고, 위로 받

■ 여자아이들이 남자아이들에 비해 더 자주 우울하다.
– 스웨덴 교육청

■ 어린 여자아이들은 친구들과 어울리지 않고 겉도는 행위로 우울하다는 신호를 보내고, 남자아이들은 울면서 분노를 표현한다.
– 카이사 스발레뤼드, 《젠더 교육》, 2002

■ 13세 이상인 여학생의 29%, 남학생의 11%가 일주일에 한 번 이상 우울감을 경험한다고 한다. 보고에 따르면 15세 이상의 경우, 57%의 아이들이 심리적인 문제를 갖고 있다.
– 스웨덴 공중보건청, 〈스웨덴 학생들의 건강 상태〉, 2013~14

지 못한 아이들은 결국 더 다투게 된다.

힘들고 버거운 감정들에 대한 다른 관점도 있다. 아이들이 이런 감정들을 추스르는 방법을 배우지 못한다면 자기 자신 또는 다른 사람에게 상처를 줄 위험성이 크다는 것이다.

예를 들어 여자아이들은 무거운 감정들을 억누르며 속으로 삭인다. 그 결과 자기 비판적이 되고 말이 없어진다. 반면 남자아이들은 억눌린 감정들을 무의식적인 행동으로 표출하고 말썽을 일으킨다.

감정을 표현하는 문제는 어린 시절은 물론이고 어른이 되었을 때도 영향을 미친다. 감정 표현에 솔직해야 몸과 마음도 건강해질 것이다.

성평등 솔루션

- 아이가 슬픔과 분노를 구별할 수 있도록 도와주세요. 말로 자신의 감정을 분명하게 표현해 보라고 하세요.

  "화났니?"

  "슬퍼 보이네."

  "마음이 답답하니? 지금 기분이 어떠니?"

- 아이를 품에 안고 화내도 된다고, 울어도 된다고 하세요. 자신의 감정을 이해해 주는 어른들 태도에서 아이는 분노와 슬픔 모두 애써 감출 필요가 없음을 깨닫습니다.
- 당신은 화났을 때 어떻게 행동하나요? 아이와 함께 화났을 때 어떻게 하면 좋을지 이

야기해 보세요. 발을 쾅쾅 구를 수도 있고, "나 화났어!"라고 말할 수도 있고, 밖에 나가서 고함을 지를 수도 있겠죠.

- "싸우면 안 돼!"라고 하지 말고 아이를 안아 주면서 차분하게 "우리는 싸우지 않아."라고 말하세요. 이렇게 하면 아이의 감정을 인정해 주면서 동시에 옳고 그름을 따지지 않게 됩니다. 특히 화가 나도 싸움은 안 된다는 메시지를 아이에게 전달합니다.
- 기쁨, 슬픔, 행복, 분노, 두려움, 사랑, 미움 등 여러 감정들을 표현하는 얼굴을 그려 보세요. 아이에게 자신의 얼굴을 그려 보게 한 다음 어떤 감정인지 말하게 하세요. 다른 얼굴들을 보여 준 다음 그 느낌을 말해 보라고 하세요. 여러 표정의 얼굴들은 나중에 자신의 감정을 말로 설명할 때 유용합니다.
- 아이에게 사람들은 즐겁거나 슬플 수 있다고 말해 주세요. 또 마음이 답답하거나 화가 나기도 하고, 무언가가 두려울 수도 있다고요. 사람들 감정은 제각각이어서 우리가 전부 이해할 수는 없습니다. 그래서 대화가 필요한 거겠죠. 상대의 이야기를 듣고 어떤 기분인지 아는 것은 아주 중요합니다.

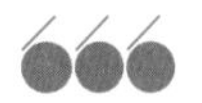

같은 행동 다른 의미

"저, 따님에게 문제가 좀 있어요."

"무슨 문제요?"

"아이가 고집이 너무 세요."

"그렇군요. 알려 주셔서 고맙습니다."

"아이들이 성장할 때, 여자아이 고집이 너무 세면 어떻게 되는지 아시잖아요. 다루기 힘들뿐더러 그 애의 삶도 너무 고달파지니까… 뭔가 특단의 조치를 취해야 하지 않겠어요?"

우리는 여자아이들이 스스로 자신의 자리를 찾고, 알아서 행동하고, 자신의 생각을 똑 부러지게 말하기를 바란다. 남자아이들에게 바라는 것과 똑같다. 그런데 울음만큼은 예외여서, 어느 정도의 한계점까지는 봐준다. 아주 심하지만 않으면 문제 삼지 않는다.

우리는 마구 울어 대서 도저히 참을 수 없게 만드는 남자아이에 비하면 고집스럽고 괴팍한 여자아이는 그다지 심각한 일이 아니라고 생각한다. 그런데 남자아이에게 고집은 집요함, 의지력, 자의식이라는 코드로 해석되는 반면 여자아이들은 종잡을 수 없음, 다루기 힘듦, 무례함으로 해석된다. 하나의 똑같은 행동이 남자아이냐, 여자아이냐에 따라 전혀 다르게 이해되고 판단되는 것이다.

또한 서로 다른 단어로 아이를 평가하기도 한다. 종잡을 수 없는 것보다는 의지력을 지닌 것이 더 낫고, 방해가 되는 것보다는 고집스러운 것이 더 낫다.

아이들은 자신에게 사용된 단어를 통해 어른들이 자신을 어떻게 바라보는지 짐작한다. 그리고 자기 자신의 생각을 어느 정도까지 시험해 보고, 발전시키고, 수행하면 되는지 고민한다. 아이들은 사소한 말 한마디에도 영향을 받는다.

성평등 솔루션

- 아이의 고집스러움을 긍정적 요소로 이해하세요. 고집이 나중에 강력한 추진력으로 발전할 수 있습니다. 아이들 개개인의 생각과 아이디어를 실제 생활에서 실천할 수 있도록 도와줌으로써 아이들의 의지를 지지해 주세요. 예를 들어 아이들 스스로 과자의 레시피를 작성하게 한 뒤 함께 만들어 보세요. 그리고 과자의 맛, 모양은 어떤지 이야기해 보세요. 아이가 원한다면 빗속에서 맨발로 걸어 보라고 하세요. 그리고 그 느낌이 어떠했는지 말해 보라고 하세요. 또 티셔츠를 바지처럼 입으려 한다면 그렇게 입어 보라고 하세요. 결과가 어떨지 직접 경험해 보는 것도 괜찮습니다. 그러면서 아이는 미래를 내다볼 수 있는 지혜, 용기, 자존감을 가질 수 있습니다.
- 아이의 행동이 잘못됐다고 지적하기보다 자신의 감정을 말로 표현할 수 있도록 도와주세요. 당신이 비슷한 상황에서 어떻게 행동했는지 말해 주고, 아이의 감정에 대해 설명해 주세요.

"화가 나서 친구를 때린 거야? 나는 화가 치밀어 오를 때 밖으로 나가서 나무를 한 대 세게 친단다. 너도 한번 그렇게 해 볼래?"

- 아이에게 좋은 롤모델을 제시해 주세요. 역사 속에서 아니면 동시대를 살아가는 고집스럽고 힘 있는 여성들에 대해 말해 주세요. 예를 들면, 제인 구달은 침팬지와 함께 생활하면서 오랫동안 침팬지를 연구했고, 스테퍼니 퀄렉은 트램펄린이나 방탄조끼 같은 데 사용하는 고강력 섬유(케블라)를 개발했으며, 아멜리아 이어하트는 대서양을 두 번이나 건넌 최초의 여성 비행사입니다.

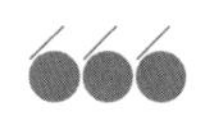

'잘한다, 잘한다' 하니까 계속 잘해

"셀마는 정말 잘해요. 옷도 혼자서 잘 입고…, 제가 거들어 줄 일이 거의 없어요."

- 니콜라스, 3세 아동의 부모

■ 기저귀 떼기, 혼자 밥 먹기 등의 행동은 여자아이들이 남자아이들보다 빠르다.

– 리사 마르클룬드·로타 스니카레, 《서로 돕지 않은 여성들을 위한 특별한 자리가 지옥에 마련돼 있다》, 2005

"그 애는 늘 잘 놀아요. 적응력이 무척 뛰어나요."

- 카렌, 4세 아동의 부모

"주삿바늘이 안 무서워? 넌 정말 용감한 사나이구나! 네 동생도 너처럼 용감하니?"

"제가 언니이고 이 애는 제 여동생이에요."

"아, 그렇구나. 그럼, 넌 아주 용감하고 씩씩한 소녀구나!"

- 소아보건센터 의사와 5세 아동의 대화

'잘한다'는 말에는 책임감이 있고, 도움이 되고, 열심히 한다는 뜻이 포함돼 있다. 여기까지는 꽤 괜찮은 말처럼 들릴 것이다. 그렇지만 '잘한다'는 말에 다른 사람을 즐겁게 하기 위해 애쓴다는 의미가 포함돼 있다고 하면 마냥 좋은 말처럼 들리지는 않을 것이다.

그림 실력이 좋구나.
참 잘해!

무엇보다 '잘한다'는 말은 여자아이들이 규칙을 따르거나, 해야 할 일을 하거나, 다른 사람을 도와줬을 때 어른들로부터 듣는다. 그림을 잘 그리거나, 스스로 옷을 입거나, 병원에서 주사를 맞거나, 장난감 블록을 쌓았을 때도 듣는다. 많은 여자아이들은 어떤 활동에 온 힘을 쏟지 않아도 잘한다는 소리를 끊임없이 듣는다. 여자아이들한테 잘한다는 말은 일종의 주문 같은 것인데, 아주 어렸을 때부터 시작된다.

'잘하다'에는 긍정적인 의미가 가득하다. 잘하는 아이는 쉽게 눈에 띄고 주의를 끈다. 이걸 아는 아이들은 자기가 어떻게 해야 인정받는지 알기에 자신의 욕구를 희생시킨다. 잘하는 여자아이는 주위 사람들의 기대를 읽어 내는 재주가 있어서 특히 그러하다. 정작 자기 자신의 소원과 요구는 드러내지도 않으면서….

이렇게 도와주다니,
정말 훌륭해!

아이들이 최선을 다했느냐, 안 했느냐에 상관없이 잘한다는 칭찬을 자주 들으면 어떻게 될까? 아마 잘한다는 것은 아이들 정체성의 일부가 될 것이다. 아이들은 자신이 누구인지 아는 것보다 다른 사람을 위해 뭔가를 하는 것이 더 중요하다는 사실을 빠른 속도로 배우게 된다.

잘한다는 말을 늘 듣는 여자아이들은 어쩌다 한 번 어른들의 기대를 저버릴 경우 크게 낙담한다. 더 이상 주변 세계의 기대를 충족시키지 못하는 자신을 책망한다. "실패할 수도 있죠." 하며 항의하는 대신 자신이 잘못한 일이라고 생각한다. 조금 더 애썼더라면, 조금 더 멋지게 해냈더라면, 상대의 요구를 조금 더 잘 읽었더라면… 하면서 여전히 잘해야 한다는 강박관념에 사로잡혀 있다.

■ 어린 여자아이들은 가만히 있어도 제일 먼저 도움을 받는 반면, 남자아이들은 도움을 요청해야 받을 수 있다.
– 카이사 발스트룀, 《여자아이, 남자아이 그리고 교육자》, 2003

■ 남자아이들은 오래 걷지 못하거나 추위를 견디지 못하면 지적을 받는다. 여자아이들은 정리를 안 하거나 말을 듣지 않을 때 한마디 듣는다.
– 마리 누드베리, 《교과 과정에서의 남성다움》, 2008

■ 잘하려는 마음은 대개 사회 통념에 맞춰서 살려는 무의식적인 의지에서 기인한다.
– 틴니 엔쉐 랍페·옌니 쉐그렌, 《잘하는 것이란》, 2002

뭐든 잘하고 싶고, 잘해야만 하는 여자아이들은 어른이 되어도 한결같다. 많은 여성들이 밖에서 힘들게 일하고 돌아와 식탁을 차린다. 지혜로운 아내, 자녀를 위해 희생하는 엄마, 정열적인 애인, 영감을 주는 여자 친구, 의욕이 넘치는 직장 동료나 사장 등 여성들은 1분 1초를 아끼며 일인 다역을 해내고 있다. 이처럼 이상을 충족시키기 위해 스스로와 싸우는 여성들에게는 번아웃증후군이나 만성피로증후군이 나타나기 쉽다.

■ 번아웃증후군(Burnout Syndrom)이란 일에 몰두하던 사람이 극도의 신체적·정신적 피로감을 호소하며 무기력해지는 현상을 말한다. 탈진증후군, 소진증후군이라고도 부른다.

성평등 솔루션

- 아이의 행동이나 성격을 표현할 때 '잘한다', '좋다' 외의 단어를 사용하세요.

  "과자를 만들었다고? 참 재밌었겠네."

  "와, 아주 멋지구나!"

  "기발한 아이디어가 많구나."

  "집짓기할 때 보니 너 참 꼼꼼하더라."

- 단순히 잘했다고 하지 말고 아이 스스로 경험한 내용을 설명하게 하세요.

  "방 청소 네가 했니? 어떻게 한 거야?"

  "부엌 수납장에서 이 그릇들을 어떻게 꺼냈니?"

- 아이들, 특히 여자아이들에게는 '착하다'는 말을 주의해서 사용하세요. 이미 여러 곳에서 착해야 한다는 말을 듣고 있습니다.

- 아이가 하는 일을 평가하지 말고 있는 그대로 봐 주세요. 이것만으로도 충분합니다.

  "높은 나무에 잘 올라가네."

  "그림 그리고 있구나."

- 아이에게 힘들 땐 도와 달라고 말하라고 가르치세요. 도움을 받는다고 해서 나약하거나 못난 게 아닙니다. 용기 없이는 도움을 요청하지도 못합니다. 도움 요청은 어른들도 잘 못 하는 일인데, 꾸준한 연습이 필요합니다.

'제멋대로'가 아니라 '창의적'인 거야!

솔루센 유치원에 다니는 아이들이 모두 모여 둥그렇게 앉았다. 가만히 앉아 있기가 힘든지 리사와 밀라, 에스킬이 작은 목소리로 이야기를 나눈다. 그런데 유치원 교사는 에스킬은 내버려 두고 리사와 밀라에게만 주의를 준다. "거기 여자애들, 이제 곧 시작할 거니까 입 다물고 똑바로 앉으렴."

고집스러움과 마찬가지로 인내심 역시 여자아이냐, 남자아이냐에 따라 한계치가 다르다. 우리는 여자아이들이 남자아이들보다 훨씬 더 규칙을 잘 이해하고 따를 거라고 기대한다. 이 때문에 여자아이들은 규칙을 지키기 위해 더 주의를 기울인다. 많은 여자아이들이 스스로 꼬마 경찰관이 되어 잘잘못을 가리는 것도 이와 무관치 않다. 그 아이들은 누가 무엇을 할지 정해 주고, 해도 되거나 해서는 안 되는 행동들을 다른 아이들에게 말해 주기도 한다.

한편, 남자아이들은 한계를 시험하고 경계를 넘어서는 일에서 비교적 너그러운 반응을 얻는다. 규칙을 어겨도 어떤 특별한 제재를 받는 경우가 거의 없다. 다른 아이에게 해를 끼쳤을 때 우리는 "원래 남자아이들이 짓궂어." 또는 "남자애들이 어떤지 다 알잖아." 하

■ 스웨덴의 범죄 중 81%는 남성이 저질렀다.
– 스웨덴 통계청, 2014

며 양해를 구한다. '남자아이의 가벼운 말썽' 정도로 치부하면서.

남자아이들은 놀이 규칙에 적응하지 못해도 그러려니 하고 넘어가는 경우가 다반사다. 오히려 그런 아이들이 몇 배나 더 대담하고, 창의적이고, 의지력이 강하다고 생각한다. 이 때문에 남자아이들은 큰 부담감에 시달린다. 이게 바로 문제다. 규칙을 무시하고 제멋대로 행동했는데도 칭찬을 받았다면 아이는 극도로 혼란스러울 것이다. 특히 하지 말라는 행동을 하고도 긍정적인 반응을 얻은 아이는 '이게 옳은 일이구나!'라고 생각할지도 모른다. 한번 굳어진 생각은 여간해서는 바뀌기 힘들다.

아이들은 어떤 규칙이 절대적이고, 어떤 규칙이 협상 가능한지 배울 필요가 있다. 살아가는 데는 규칙들을 식별하고 따르는 능력과 더불어 이미 주어진 규칙들에 대해 논의할 수 있는 능력이 모두 필요하다. 창의성이란 대개 현재 일반적으로 행해지는 규칙들을 거꾸로 뒤집어 볼 줄 알고, 참신한 방법으로 생각하고 행동하는 것과 관련 있다.

성평등 솔루션

- 규칙을 잘 어기거나 규칙에 대항하는 아이와 왜 규칙이 필요하며 중요한지 이야기를 나눠 보세요. 아이의 행동을 주의 깊게 살펴보고, 아이가 규칙을 지키면 칭찬 등 긍정적인 피드백을 해 주세요.
- 규칙을 지나치게 준수하는 아이에게 규칙이 절대적인 건 아니라고 말해 주세요. 특히 여자아이들에게 규칙이나 지시 등은 따르는 게 옳지만, 때로는 유연하게 대처해도 된다고 알려 주세요. 규칙을 어기는 게 반드시 잘못은 아니라고요.
- 규칙을 많이 만들지 마세요. 규칙은 지키는 데 의의가 있습니다. 규칙이 너무 많아서 시간적·신체적으로 따르기 힘들다면 곤란하겠죠?
- 아이에게 책임감을 갖고 규칙을 잘 지키고 있다고 말해 주세요. 그러면 아이들은 자신의 창의성을 훼손하면서까지 다른 아이들이 규칙을 준수하고 있는지 지켜볼 필요가 없습니다.
- 발언권을 얻고 싶을 때는 조용히 손을 들라고 하세요. 만일 아이가 이 규칙을 어기고 중간에 끼어들어 말을 끊을 경우 눈길도 주지 마세요. 말이 끝난 뒤 중간에 끼어들었던 아이에게 긍정적인 말투로 묻습니다.

  "차례를 기다려 줘서 고마워. 무슨 말이 하고 싶었어?"

  이 방법을 시행하기 전에 아이들에게 차례를 기다리는 법에 대해 설명해 주세요. 그러면 아이들은 방해받지 않고 뭔가를 하고 싶을 때 이 방법을 사용하게 됩니다.
- 놀이를 같이하면서 아이에게 규칙을 정해 보라고 하세요. 아이에게는 아주 흥미진진한 경험이 될 수 있습니다. 이미 정해진 규칙을 따르기만 했는데 직접 결정할 기회를 얻었으니 말입니다.

아니요, 싫어요

"아담, 장난감 치우는 것 좀 도와주겠니?"

"싫어요. 지금 블록 쌓고 있어요."

"그럼, 카린 네가 나 좀 도와줄래?"

"아니요. 저도 블록 쌓고 있어요."

"장난감 정리를 도와줄 사람은 카린 너밖에 없구나. 어서 오렴."

"그 장난감들을 꺼낸 건 제가 아니에요."

"우리 약속했잖아. 장난감을 정리할 때 도와주기로 말이야."

■ 스웨덴에서 2014년 신고된 20,300건의 성 관련 범죄 중 6,700건이 성폭행 사건이었다. 매일 55건의 성 관련 범죄와 18건의 성폭행이 발생하고 있다. 대부분의 범행은 실내에서 발생하며, 가해자가 피해자를 아는 경우가 많았다. 하지만 대다수 폭행 사건은 신고조차 안 된다.
– 스웨덴 범죄예방위원회, 2014

■ 1965년, 스웨덴은 혼인 중 강간(부부강간)을 법적으로 금지했다.
– 스웨덴 통계청

모든 아이들은 기본적으로 '예', '아니요'라고 말할 수 있는 권리가 있다. 그리고 어른들은 그 말에 귀를 기울여야 한다. 자신의 의지와 한계를 표현하는 말이기 때문이다.

그런데 '아니요'라는 말이 항상 '아니요'라는 뜻으로 들리지는 않는다. 여자아이들의 '아니요', '싫어요'는 종종 협상이 가능하다는 의미로 해석된다. 그래서 원치 않는 일을 강제로

해야 하는 상황이 생길 수도 있다. 반면 남자아이의 '아니요'는 아주 확실한 거부 의사로 해석된다. 그 아이에게는 원치 않으면 안 해도 되는 배려가 주어진다.

아이들은 이 차이를 빠른 속도로 습득한다. '아니요'라고 분명하게 말했는데도 받아들여지지 않으면 아이들은 자신이 존중받지 못했다고 느끼고, 그 말을 해도 문제가 해결되지 않는다고 생각한다. 이제 대다수 아이들은 얼른 뛰어가서 어른을 데려오는 것 말고는 뾰족한 해결책이 없다고 판단한다.

이럴 경우 그 아이에게는 '의존적'이라는 낙인이 찍힌다. 그들의 '아니요'가 존중받지 못해서, 또 자신의 한계를 드러낼 수 없어서 그렇게 행동했다고 이해하지 않고 그 아이 자체가 고자질을 잘하고 칭얼대는 성격이라고 해석한다. 자신의 의견을 밝히고 어떤 일에 영향을 미치기 위해 어른의 도움을 요청하면 할수록 아이들은 점점 더 '아니요'라고 말하기 힘든 상황으로 몰린다.

아이들이 공격이나 상처를 받았을 때 '아니요'라고 말하지 못한다면 속에 담아 둔 말을 어떻게 꺼내 놓을 수 있을까? 우리의 감정들을 존중하기 위해서는 먼저 '예'와 '아니요'를 자유롭게 말할 수 있는 환경이 만들어져야 한다. 그것에 대한 책임은 물론 스스로 져야겠지만 말이다.

성평등 솔루션

- 아이들에게 하기 싫을 때는 '아니요'라고 확실하게 말하라고 하세요. '아니요!' 또는 '그만!'이라고 크게 소리치면서 손바닥을 쫙 펴 보이는 등의 행동은 어린아이들도 충분히 할 수 있습니다.
- 아이 스스로 한계를 명확히 드러내라고 하세요. 아이와 함께 아래에 소개하는 방법을 연습해 보세요.

  1. 일어난 일에 대해 말로 표현하세요. — "네가 나를 화나게 해."
  2. 자신의 감정을 말로 표현하세요. — "네가 짜증 내면 난 슬퍼."
  3. 자신이 바라는 것을 말하세요. — "나를 화나게 하지 마."

- 직관에 귀 기울여 보세요. 당신의 아이와 함께 시소를 타 보세요. 느낌이 어떤지 아이에게 물어보세요. 좋은지, 짜릿한지 아니면 무서운지. 아이가 느끼는 속마음을 귀담아 들은 뒤 그 느낌을 신뢰할 수 있는지 이야기해 보세요. 아이가 재밌다고 느꼈다면 좋은 겁니다. "네, 정말 재밌어요. 계속 타고 싶어요!" 만일 별로라고 한다면 그만두겠다는 의미입니다. "아니요, 별로예요. 무서워서 그만 타고 싶어요!"
- 껴안기 전에 아이에게 먼저 물어보세요. 아이가 포옹을 원하는지, 원치 않는지 늘 물어보세요.

  "안아 줄까?"

  "한번 안아 봐도 되니?"

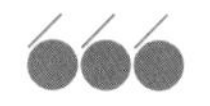

좋아해서 괴롭히는 거야

"오늘 액셀한테 맞았어요."

"그게 무슨 말이니?"

"액셀이 휴식 시간에 저를 때렸어요."

"그래? 액셀이 널 왜 때렸니?"

"모르겠어요. 선생님은 액셀이 저를 좋아해서 그런 거래요."

남자아이들이 이유 없이 여자아이들을 때리거나 괴롭히는 행위를 우리는 종종 '애정 표현'이라고 말하며 감싼다. 사랑에 서툰 남자들이 그런 어설픈 방법으로 여자들의 관심을 끈다는 것이다. 오죽하면 "사랑은 다툼으로 시작해서 양육비로 끝난다."는 스웨덴 속담도 있을까?

그런데 남자아이가 다른 남자아이를 때려도 이렇게 반응할까? 사랑이나 관심의 표현이라고 말하면서 대충 얼버무리는 사람은 그리 많지 않을 것이다. 또 여자아이가 남자아이를 때린 경우에도 여자아이가 사랑에 빠졌다는 식의 핑계를 대지는 않을 것이다. 아마 그 여자아이는 폭력은 나쁜 행동이며, 자신의 행동에 책임을 느끼고

■ 1864년, 스웨덴에서는 남편이 부인에게 폭력을 행사하는 것이 법으로 금지되었다.
– 스웨덴 통계청

■ 2014년, 스웨덴에서 남성이 여성을 폭행했다고 신고된 사건은 총 28,456건이었다. 같은 해 25명의 여성이 남성에게 살해당했다.
– 스웨덴 범죄예방위원회

남자아이한테 얼른 사과하라는 말을 들을지도 모른다.

그렇다면 어른들은 정말 남자아이들이 좋아한다는 표현을 잘 못해서 상대를 때린다고 생각하는 걸까? 자신의 감정을 그런 식으로 보여줘도 괜찮다고 생각하는 걸까? 좋아한다면서 때리는 건 분명 잘못된 행동이다. 사랑은 친밀함이나 끌림 같은 말들과 관련 있지 폭력과는 거리가 멀다.

하지만 어른들은 남자아이들에게 친절함이나 상냥함 같은 긍정적인 방법으로 좋아하는 마음을 표현하라고 크게 요구하지 않는다. 어른들은 왜 남자아이의 그릇된 행동을 바로잡지 않는 걸까?

만일 어떤 아이가 다른 아이를 좋아한다는 사실을 보여 주기 위해 밀치고 괴롭힌다면 자신의 진심을 제대로 전달하기 어렵다. 그런 행동은 오히려 역효과를 낳을 위험이 있다. 만일 맞은 여자아이가 맞받아친다면 어떤 일이 생길까? 치고받는 두 아이를 보면서 과연 우리가 어떤 말을 할 수 있을지, 궁금하다.

아파, 그만해!
저건
애정 표현이야!

성평등 솔루션

- 모든 아이들, 특히 남자아이들에게 긍정적으로 사랑을 표현하는 방법을 가르쳐 주세요. 누군가를 좋아하는 마음을 어떻게 표현하면 되는지 알려 주세요. 진심을 담은 쪽지를 보내거나 그림을 그려 선물할 수 있겠죠.
- 아이에게 그냥 단순히 "미안해!"라고 하지 말고 진정을 담아 사과하라고 하세요. 사과란 나쁜 감정을 날려 보내는 것일 수도 있고, 한번 안아 주는 것일 수도 있습니다. 위로가 필요할 땐 아이에게 좋아하는 인형을 가져다줄 수도 있겠죠.
- 아이에게 폭력은 절대로 용납될 수 없다고 설명하세요. 설령 장난일지라도 안 됩니다.
- 어른이나 아이가 서로 다투다가 사랑이 싹튼다고 하면 "절대 그렇지 않아!"라고 하세요. 사랑과 폭력은 아무 관련 없습니다. 폭력은 그냥 폭력일 뿐입니다.

공주는 꼭 왕자가 구해야 할까?

공주가 왕자를 목 빠지게 기다렸다는 이야기는 많이 들어 봤을 것이다. 기록으로 전해지는 이야기들 중에는 사랑은 어떤 관계여야 하는지 보여 주는 것들이 있다. 여기에서 왕자는 적극적이고 진취적인데 반해 공주는 수동적이고 의존적이다. 왕자가 '짠' 하고 나타나 구해 주기만을 기다린다. 왕자를 보면 공주는 무조건 사랑에 빠진다. 첫눈에 반한 공주는 왕자가 자신을 마음에 들어 한다는 사실만으로 행복을 느낀다.

사랑에 관한 이야기들은 우리 아이들에게 여자아이들과 남자아이들이 사랑의 관계에서 어떻게 행동할지, 또 그들이 누구를 사랑하게 될지에 대해 가르친다. 남자아이는 여자아이와 사랑에 빠지고, 여자아이는 남자아이와 사랑에 빠지는 것을 기대한다. 그런데 여자아이들은 어떤 남자아이가 마음에 들어도 먼저 표현하지 않는다. 자신의 속마음을 전하고 싶은 마음이 굴뚝같아도 남자아이에게 주도권을 줘야 한다고 생각해서 참는다.

보통 예쁘고 날씬한 여자아이와 힘세고 용

■ 1994년부터 스웨덴에서 동성애는 더 이상 범죄가 아니다.
– 스웨덴 통계청

■ 어느 날 아침, 갑자기 많은 사람들이 질병 휴가를 신청했다. 동성애로 아프다는 게 이유였다. 이 같은 집단행동이 있은 뒤 스웨덴 사회복지청은 동성애를 질병 목록에서 제외시켰다. 1979년의 일이다.
– 섹슈얼리티 평등을 위한 전국위원회

감한 남자아이가 인기가 많다. 대중매체와 동화에서 그려지는 사랑의 이미지는 '바비'와 '배트맨' 같은 여자아이와 남자아이로 대변된다. 그들은 누군가와 사랑에 빠지며, 아이들은 그것을 보고 상대방에게 어떻게 행동할지를 배운다.

한번 생각해 보자. 사랑 이야기가 좀 달라지면 어떨까? 다양성을 가지면 더 멋지지 않을까? 주도적인 여자아이들과 남자아이들이 있듯이, 수줍어하는 남자아이들과 여자아이들도 있을 수 있다. 위험에 빠진 왕자를 구한 용감한 공주 이야기는 어떨까?

성 평 등 솔 루 션

- 아이들에게 여성이 남성을, 또는 여성이나 중성인 사람을 사랑할 수 있다고 설명해 주세요. 마찬가지로 남성이 여성을, 또는 남성이나 중성인 사람을 사랑할 수 있다고 말해 주세요. 대부분의 사람들은 이성을 사랑하지만, 동성이나 중성에게 끌리는 경우도 있습니다. 사랑의 형태는 다양합니다.
- 이야기 속 공주와 왕자의 성격을 바꿔 보세요. 아니면 공주와 왕자의 이미지를 새로이 규정해 완전히 다른 이야기를 만들어 보세요.

  "옛날 옛적에, 결혼이 너무나 하고 싶은 왕자가 있었습니다. 왕자는 성 꼭대기에 올라가 누군가가 찾아와 청혼해 주기를 기다렸습니다. 어느 날 저 멀리 지평선에서 먼지구름이 뿌옇게 피어오르는 게 보였습니다. 그의 가슴에서 희망의 불꽃이 타올랐습니다. 잠시 뒤 멀리서 달려오는 말 한 마리가 보였습니다. 아름다운 공주가 타고 오는 말이었습니다. 공주는 왕자를 보더니 첫눈에 반해 사랑을 고백했습니다. 왕자와 공주는 서로 사랑하며 행복하게 잘 살았습니다."

Key Point

평등한 감정

모든 사람들은 감정이 있고, 어른이나 아이 할 것 없이 감정 표현은 중요하다. 우리에게 감정의 평등이 있다면 답답함, 기쁨, 망설임, 슬픔 등의 모든 감정이 존재할 수 있다. 여러 감정들을 두고 어떤 게 더 좋고 어떤 게 더 나쁘다는 식의 평가는 할 수 없을 것이다. 아이들은 누구나 자신의 감정에 솔직할 수 있고, 주위의 기대치에 따라 자신의 감정을 재조정하거나 수정하지 않아도 된다. 남자아이의 눈물을 나약함으로 보는 색안경도, 여자아이는 착해야 한다는 굴레도 사라질 것이다. 아이들은 스스로나 남에게 상처를 주지 않도록 자신의 감정을 표현하는 방법을 익힐 수 있다.

감정의 평등권이 있다면 아이들의 '아니요'도 중요한 가치를 가질 것이며, 모든 사람들이 각자가 옳다고 믿는 것을 존중할 것이다. 감정 평등권은 그 누구와도 사랑에 빠질 수 있는 권리를 인정해 준다. 동성이니, 이성이니 하는 개념 자체가 사라지는 것이다. 미리 정해 놓은 기준, 다시 말해 누가 무엇을 어떻게 해야 한다는 식의 정의는 사랑에는 적용되지 않는다. 사랑은 누구와도 할 수 있고, 어디서든 어떻게든 할 수 있으니까.

6장

여자 몸,
남자 몸

– 신체 활동에는 아들딸 구별이 없어요

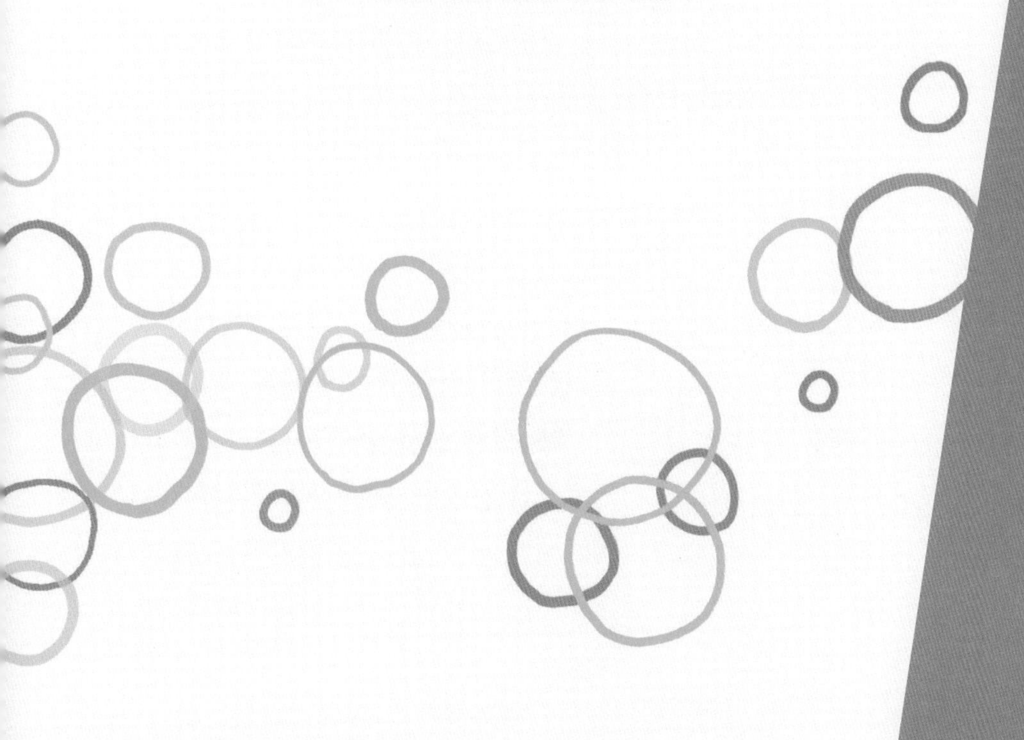

남자다운 목소리

"제 아들은 요즘 소리를 질러 대요. 특히 원하는 걸 얻지 못하면 깊고 낮은 소리로 말해요. 그런데 유치원에 얼마 동안 안 갔더니 그 버릇이 없어졌어요. 목소리가 아주 맑아졌어요."

– 막달레나, 3세 아동의 부모

"그 남자는 가성으로 노래를 불러요. 분명 남자인데 노래 부를 땐 여자 목소리가 나와요."

– 스웨덴 국영 라디오의 해설자

목소리만 들어도
아들한테 하는 말인지,
딸한테 하는 말인지
알겠어요.

아이들과 대화할 때, 어른들은 무의식적으로 여자아이와 남자아이를 구분해 목소리 톤을 달리한다. 갓난아이에게 말을 건네는 사람들의 목소리를 가만히 들어 보면 그러한 점이 더 두드러진다. 여자아이에게는 상냥하고 맑은 목소리로 말하는 반면 남자아이들에게는 일상에서 사용하는 목소리를 낸다.

■ 남자아이는 큰 소리로 말하는 법을 배우고, 여자아이는 작은 소리로 말하는 법을 배운다.
– 마리 누드베리, 《교과 과정에서의 남성다움》, 2008

어린아이들도 생물학적 성차에 따라 목소리가 뚜렷하게 달라진다. 여자아이들은 남자아이들에 비해 목소리가 더 맑고 가늘다. 어린이 프로그램과 애니메이션도 마찬가지다. 남성 캐릭터는 굵고 낮은 중저음인 데 반해 여성 캐릭터는 맑고 고운 소리를 낸다. 때론 징징거리는 소리처럼 들리기도 한다.

아이들은 여자와 남자의 목소리가 다르다는 사실을 빨리 배운다. 보통 어린 여자아이들은 또랑또랑한 목소리로 말해도 되지만 남자아이들은 안 된다. 일부 어른들은 징징거리거나 카랑카랑한 소리를 내는 어린 남자아이들에게 "제대로 말해!"라고 호통을 친다. 굵고 낮은 목소리로 말하라는 뜻이다.

우물거리지 마.
하나도 안 들려.

목소리가 어떻게 사용되고, 또 어떤 식으로 여자아이들과 남자아이들이 자신의 목소리를 연습하는지에 대한 차이는 그 아이들이 자신을 표현하는 방법과 시기에 대한 결과로 나타난다. 맑고 여린 목소리를 가진 사람들은 중저음의 굵은 목소리로 말하는 사람들보다 자신의 소리를 내는 데 어려움을 겪는다.

많은 남자아이들은 깊고 풍부한 울림을 전달하기 위해 스스로 공명 발성을 훈련한다. 또 복근을 단련하면 무겁게 가라앉은 중저음 목소리를 내는 데 효과가 있다. 그래서 많은 남자아이들은 굵고 힘 있는 목소리를 내려고 종종 복근에 힘을 주고 소리를 내는 법을 연습한다. 이렇게 강한 목소리를 가지려고 애쓰는 이유는 그래야 남자답기 때문이다. 또한 학교나 미래의 직장에서 사람들이 자신의 소리를 좀 더 경청해 주기를 바라기 때문이다.

또 다른 이유는 굵고 낮은 목소리보다 맑고 가는 목소리를 중단시키기 더 쉽다는 데 있다. 목소리가 가는 아이들은 종종 놀이 집단에서, 학교의 스터디 모임에서, 토론 및 토의 시간에 소외되기 일쑤다. 그 아이들의 주장이 빈약해서가 아니라 자신의 소리를 강하게 들려줄 수 없기 때문이다. 계속 반복해서 말이 중간에 끊기면 그 아이는 자신의 이야기가 흥미롭지 않아서라고 생각하기 쉽다. 그리고 말문을 닫는다. 아무도 들어 주지 않으니 점점 더 말수가 적어질 수밖에 없다.

또한 같은 내용을 말해도 목소리에 따라 전달력에서 차이가 난다. 보통 맑은 목소리보다 낮은 목소리가 더 잘 들린다. 맑고 여린 목소리는 굵고 강한 목소리보다 발언권도 약하다. 우리는 간접적으로 남자아이들에게는 목소리에 힘을 실어야 더 강한 발언권을 얻을 수 있다고 알려 준다. 반대로 여자아이들에게는 부드럽고 예쁜 목소리를 내야 한다고 가르친다. 설령 자신의 의견을 밝힐 기회가 적어지더라도 말이다.

성평등 솔루션

- 아이와 함께 다양한 목소리를 내세요. 괴물 목소리, 생쥐 목소리, 나지막한 목소리 등 평소와 다른 목소리를 흉내 내어 보세요.
- 다양한 목소리들이 여러 상황에서 각기 다르게 쓰일 수 있음을 아이에게 설명해 주세요. 누군가에게 흥미진진한 얘기를 들려줄 때는 어떤 목소리가 좋을까요? 또 비밀을 얘기할 때나 운동장 반대쪽에 서 있는 친구를 부를 때나 무슨 일을 그만하라고 할 때는 어떤 목소리를 내면 좋을지 같이 생각해 보세요.
- 크게 그리고 강하게 말할 때는 복근을 사용하면 좋다고 아이에게 설명해 주세요. 그리고 배 아래쪽에 손을 대세요. 복근을 사용하면 말할 때 배가 앞으로 나옵니다. 자, '아, 에, 이, 오, 우' 같은 음절을 짧게 끊어 내지르는 법을 연습해 보세요. 예를 들어 '아!'를 짧게 4~5번 소리 내어 보세요.

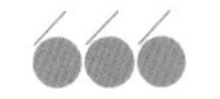

제발 다리 좀 오므려!

다리를 넓게 벌리고 앉아 있는 여성은 종종 불쾌한 시선을 느낀다. 하지만 똑같은 자세로 앉아 있는 남성들은 아무런 눈길도 받지 않는다. 간혹 남성들도 눈살을 찌푸린 채 쳐다보는 시선을 느끼나, 그런 경우는 아주 드물다. 그럴 때면 남성들은 다리를 모으고 앉거나 일기죽거리며 자세를 고쳐 앉는다.

어머, 여자가
다리를 쩍
벌리고 앉았네.

대부분의 사람들은 자신의 몸짓 언어에 대해 잘 알지 못한다. 무의식적인 몸짓 하나가 직접적으로 내뱉는 말의 내용을 얼마나 더 강조할 수 있는지, 아니면 얼마나 하찮게 만들 수 있는지 잘 모른다. 특히 어른들의 몸짓 언어는 아이들과 대화할 때 아주 중요한 역할을 한다. 우리가 사용하는 단어나 억양 못지않게 중요하다.

살살 던져.
여자애잖아.

어른들은 여자아이들과 활동할 때는 주로 작은 몸짓을 사용하지만, 남자아이들한테는 큰 몸짓을 사용한다. 아이들과 공 놀이할 때 보면

이러한 모습이 특히 두드러지게 나타난다. 보통 여자아이들에게는 공을 굴리거나 조심스럽게 던진다. 마치 여자아이들이 공을 놓치거나 공을 잡으려다가 다치기라도 할까 봐 걱정하는 것 같다.

반면 남자아이들에게는 공을 세게 튀기거나 머리 위로 높이 던진다. 그러고는 공을 잡으려고 달리거나 위로 폴짝 뛰어오르는 아이의 모습을 아주 흐뭇하게 바라본다. 설령 남자아이들이 공을 잡으려다가 넘어지더라도 호들갑스럽게 달려가지 않는다. 미래의 축구 선수에게 이 정도 위험은 아무것도 아닐뿐더러 오히려 좋은 훈련이 될 수 있기 때문이다.

■ 우리가 표현하려는 내용 중 80%가 몸짓으로 전달된다.
– 엘레인 베리크비스크, 《지배 기술》, 2008

■ 여자아이들은 동작을 작게 해서 공간을 조금만 차지하라고 배운다. 반면 남자아이들은 몸을 박력 있게 움직여서 활동 영역을 넓게 사용하라고 배운다.
– 마리 누드베리, 《교과 과정에서의 남성다움》, 2008

이처럼 몸짓 언어를 보면 어른들이 공을 잡는 아이와 그 아이의 역량에 대해 어떻게 생각하는지 알 수 있다. 큰 동작들은 아이에게 움직임의 영역을 넓히라는 격려의 신호이나, 작은 동작들은 그 반대의 의미를 전달한다.

어른의 몸짓 언어는 아이들의 가능성과 표현력에 지대한 영향을 미친다. 아이들은 몸짓을 통해 어른들이 무엇을 바라는지 짐작하며, 그 의도대로 움직이려고 노력한다.

몸짓 언어는 굳이 말로 표현하지 않더라도 어른의 느낌을 아이에게 전달할 수 있도록 돕는다. 젠더를 코드화한 신체라는 의상은 여자아이들과 남자아이들을 꽉 죄어서 행동에 제약을 준다.

성평등 솔루션

- 아이들에게 몸으로 할 수 있는 놀이를 해 보라고 하세요. 공 놀이, 달리기, 춤추기, 나무타기 등이 있겠죠. 자신의 몸에 대해 알고, 건강한 몸을 이용해 재밌는 놀이를 많이 할 수 있다는 걸 알면 아이들의 자존감이 높아질 겁니다.
- 아이에게 여러 가지 몸짓 언어를 알려 주세요. 아이와 함께 거울 앞에 서서 화났을 때, 슬플 때, 불안할 때, 놀랐을 때, 마음을 단단히 먹었을 때, 뭔가를 눈치 챘을 때, 무서울 때, 웃길 때 우리의 얼굴과 몸이 어떤 모습을 띠는지 살펴보세요.
- 텔레비전 소리를 끄고 출연자들이 뭐라고 말하는지 맞혀 보세요. 아이들과 함께 무엇에 대해 말하고 있는지 또는 어떤 상황인지 예상해 보세요.

- 가급적 제스처를 많이 사용해서 자신의 생각을 표현해 보라고 아이에게 이르세요. 다리를 쫙 벌리고 서 있을 때와 꼬고 서 있을 때 어떤 차이가 있나요? 팔을 크게 움직일 때와 몸에 딱 붙이고 있을 때는 어떻게 다른가요?
- 음악을 틀어 놓고 춤을 춰 보세요. 이때 몸을 작거나 크게 또는 길거나 짧게 또는 높거나 낮게 움직여 보세요. 신체의 가능성을 알아보는 데 유익한 방법입니다.

안아 주고 눈 맞추고

슝~,
비행기 태워 줄게.

일반적으로 우리는 여자아이들보다 남자아이를 덜 안아 준다. 갓난아이일 때부터 그랬다. 남자 아기들은 몸을 들었다 내렸다 하는 비행기 놀이나 몸을 번쩍 들어 올려 빙빙 돌려 주는 놀이에 익숙하다. 반면 여자 아기들은 어른들 품에 꼭 안겨 있는 경우가 많다. 아이가 스스로 앉기 시작하면 그러한 차이는 더욱더 분명해진다. 남자아이들은 어른들과 멀찌감치 떨어져서 앉아 있는 반면 여자아이들은 어른들 무릎에 앉는다.

심지어 아이가 놀다가 넘어지거나 부딪혀서 울 때도 어른들의 행동이 다르다. 여자아이는 울음이 그칠 때까지 품에 안거나 무릎에 앉히고 달래 주는 반면, 남자아이는 잠깐 안아 줬다가 내려놓고는 "이제 안 아프지?" 하면서 놀이를 계속하라고 말한다.

아이들과의 의사소통에서 중요한 요소 중 하나는 바로 눈 맞춤이다. 우리는 눈 맞춤을 통해 친밀감을 표시한다. 그런데 이것 역시 여자아이들에게 더 많이 한다.

일반적으로 아이와 대화하는 어른을 보면 남자아이들보다 여자아이들의 눈을 더 많이 쳐다본다. 그래선지 상당수의 남자아이들과 남자 어른들은 이야기를 나눌 때 상대의 눈을 쳐다보는 데 어려움을 겪는다. 어쩌면 '눈은 영혼의 창'이라는 말 때문에 그런 건지도 모른다. 누군가를 바라보는 것이 마치 자신을 보는 것 같아서 피하는 것이다. 시선을 이리저리 옮기는 행위는 자신을 감추는 방법이기도 하다. 누군가의 눈을 뚫어져라 쳐다볼 경우 자신감으로 비칠 수도 있으나, 상처받기 쉬운 자신을 보여 줄 위험도 있다.

■ 여자아이들은 남자아이들에 비해 긍정적인 상황에서 신체적 접촉이 일어난다. 그런데 남자아이들은 여자아이들에 비해 부정적인 상황에서 신체적 접촉이 8배나 더 많이 일어난다.
– 율리아 베스테르, 〈유치원에서의 틀에 박힌 듯한 성역할에 미치는 신체적 접촉의 영향〉, 2015

여자아이들과 남자아이들은 스킨십이나 눈 맞춤 등에서 서로 다른 양상을 보인다. 이것은 아이가 성장할수록 더 두드러진다. 대부분의 여자아이들은 커서도 어른들이나 친구들과 계속 친밀하게 지내는 반면, 남자아이들은 더 멀찍이 떨어진다. 아마 어려서부터 거리감을 갖고 대했기 때문일 듯하다.

테오,
내 눈을 보고
말해!

성평등 솔루션

- 모든 아이들, 특히 남자아이들에게 친밀감을 보여 주세요. 아이가 울면 품에 꼭 안고 상냥하게 달래 주세요.
- 아이들, 특히 남자아이들과 말할 때 눈을 맞추세요. 아이와 눈높이를 맞추기 위해 무릎을 굽히는 자세를 추천합니다.
- 윙크 게임을 하면서 눈을 맞추는 연습을 해 보세요. 둘이면 1미터 이상의 거리를 두고 마주 서는 게 좋고, 여러 명이면 둥글게 섭니다. 그런 다음 윙크 게임의 규칙을 만드세요. 윙크 한 번이면 이름 말하기, 윙크 두 번이면 제자리에서 뛰기, 윙크 세 번이면 자리 바꾸기 등.

남자애는 매가 약이야

빌헬름이 식당 안을 정신없이 뛰어다니며 소리를 마구 지른다.

"제발 좀 가만히 있으렴. 이런 데서는 조용조용 말해야지."

엄마의 부탁에도 빌헬름은 소동을 멈추지 않는다. 참다못한 엄마가 빌헬름의 어깨를 세게 붙잡고는 큰 소리로 혼을 낸다.

"이제 그만! 조용히 해!"

양육하는 과정에서 어른들은 여러 이유로 아이에게 손을 댄다. 그런데 언제, 어떻게 아이에게 손을 대느냐에 따라 아이가 느끼는 기분이 달라진다. 손을 대는 이유가 긍정적이냐, 부정적이냐에 따라 아이의 기분은 좋을 수도, 언짢을 수도 있다.

긍정적인 접촉일 경우, 예를 들어 누군가가 손으로 머리를 부드럽게 쓸어 넘기거나 어깨에 살포시 손을 올려놓는다면 옥시토신이 분비된다. 보통 보살핌과 휴식을 경험할 때 만들어지는 호르몬이다. 또한 옥시토신은 사회적 상호작용과 감정이입에 대한 의지를 충족시켜 준다. 따라서 긍정적인 접촉은 공감 능력을 발

■ 옥시토신은 아기를 낳을 때 분비되는 자궁수축호르몬이지만, 평상시에도 분비된다. 친밀감, 신뢰감, 정서적 유대감 등과 관련 있는 신경전달물질이다. 흔히 사랑의 묘약, 사랑의 호르몬이라고 부른다.

전시키기 위한 주춧돌인 셈이다. 친밀감과 유대감을 높여 주므로 모든 사람들에게 꼭 필요한 호르몬이다.

그런데 긍정적인 접촉은 남자아이들보다 여자아이들한테 많이 일어난다. 남자아이들의 신체 접촉은 주로 명령이나 마찰 등 부정적인 상황에서 발생한다. 부정적인 접촉이란, 예를 들어 누군가가 한쪽 팔이나 어깨를 세게 잡았을 때를 말한다. 이 같은 접촉은 스트레스와 공격적인 태도를 야기한다.

만일 어떤 사람이 자신의 어깨를 세게 잡아당긴다면 아이는 어떻게 반응할까? 아마 그 아이는 자신을 보호해 줄 장치를 마련하고 싶을 것이다. 이 같은 경험은 접촉이 거칠고 나쁜 것으로 인식하게 만든다. 이러한 감정은 어른이 되었을 때도 남아 있을 수 있다. 또한 부정적인 접촉을 경험한 아이들은 강한 대항이 마찰을 해결하는 방법이라는 사실을 간접적으로 배운다.

아플 정도로 거칠게 몸을 붙잡거나 목소리를 높이는 행위는 마찰을 불러일으키기 쉽다. 그런데 어른들은 이 상황에서 눈을 맞추라고 요구한다. 어른들의 힘에 눌려 억지로 굴복한 아이들의 마음속에는 반발심이 가득할 테고, 결국 마찰 상황은 더 악화될 것이다. 긴 시간 동안 아이들은 어른들과 무수히 접촉하면서 긍정과 부정의 경험을 쌓는다. 그리고 이것은 다른 사람과의 접촉에 영향을 미치기도 한다.

성 평 등 솔 루 션

- 모든 아이에게 긍정적인 접촉을 하세요. 친절하게 어깨에 손을 얹거나 부드럽게 머리를 쓰다듬어 주세요.
- 논쟁이 있거나 지적을 할 때 부정적이기보다는 긍정적인 접촉을 하려고 노력하세요. 마음이 차분해지는 효과가 있습니다.
- 아이가 자기보다 작은 아이를 힘껏 밀거나 세게 잡아당길 경우에는 부드럽고 친절한 동작은 어떤 것인지 행동으로 보여 주세요.
- 아이와 논쟁하거나 대립하는 상황에서도 흥분하지 않고 차분해질 수 있도록 연습하세요. 아이를 붙잡지 말고 한 발짝 뒤로 물러나세요. 아이 위에서 내려다보지 말고 아이 키에 맞춰 자세를 낮추세요. 화를 내거나 소리를 지르지 말고 차분하고 낮은 목소리로 말하세요. 낮은 목소리는 상대방의 마음을 차분하게 가라앉히며 미움이라는 감정을 없애 줍니다.
- 아이와 대치 상황에서 자신의 눈을 보라고 강요하지 마세요. 겁이 나거나 믿지 못하는 상황에서는 눈 맞춤이 아주 불편한 경험일 수 있습니다.

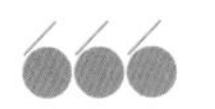

남들 눈에 띄면 안 돼!

"네 살배기 아들은 〈겨울왕국〉을 보고 푹 빠져서 반짝이가 붙어 있는 튜닉을 항상 걸치고 다녔어요. 친척 집에서도 아들은 그 옷을 입고 아주 자랑스럽게 계단을 내려갔어요. 그런데 친척 어른들이 웃으면서 '그 옷은 여자애들이나 걸치는 거야.'라고 하시지 않겠어요? 그날 이후 제 아들은 튜닉을 입지 않아요."

- 오마르, 4세 아동의 부모

"제 아들은 화려한 드레스를 정말 좋아하지만, 집에서만 입으려 해요. 여자애들이 입는 옷이라면서요. 이렇게 몰래 입을 정도로 좋아하면서도 사람들 앞에서는 입을 용기가 안 생기나 봐요."

- 세위피, 5세 아동의 부모

"그건 여자 스웨터예요. 이리 오세요, 제가 남자 스웨터가 어디 있는지 알려 드릴게요."

- 의류 매장 직원

많은 남자아이들이 반짝거리는 옷에 관심을 가진다. 그 아이들은 여느 여자아이들처럼 짙은 청바지와 반짝거리는 스웨터 중에서 선택하기를 원한다. 남자아이들은 왜 그런 옷을 고르면 안 되는 걸까? 반짝이 옷을 선택하는 남자아이들은 기존의 고정된 남성성에 도전하는 것으로 여겨진다. 다시 말해 반짝이 옷은 여성스러운 느낌이므로 남자아이들은 결코 입어서는 안 된다는 것이다.

그렇다면 그 아이들이 반짝거리는 스웨터를 입고 기쁜 마음으로 유치원에 갔을 때 어떤 상황이 펼쳐질까? 아마 자신이 표준에서 벗어났음을 깨달을 것이다. 친구들로부터 비웃음을 당하거나 "어, 여자 스웨터를 입고 왔네!"라는 말을 들을지도 모른다. 이 같은 수모를 겪은 아이는 집에 오자마자 그 예쁜 옷을 벗어 옷장 깊숙이 처박아 놓을 것이다.

반짝이 옷을 좋아했던 남자아이들은 자신을 조롱하는 다른 아이들에게 화를 내거나 욕설을 내뱉지 않고, 오히려 여성적이라 생각되는 것들에 분노를 표출한다.

보통의 남자아이들은 여성스럽다는 이유로 하찮게 여기는 것들을 망가뜨리려는 경향이 있다. 예를 들어 자신이 입고 싶었던 반짝이 스웨터를 착용한 여자 아이에게 "옷이 너무 이상해. 그런 거추장스럽고 요란한 옷은 너

스팽글 달린 옷을
누가 입어?
공짜로 줘도 싫어.

처럼 뽐내기 좋아하는 애들이나 입고 다니지." 하며 비웃는다. 뭔가 더 안 좋고 가치 없는 물건인 양 깎아내리는 것 같지만, 사실 그 아이들은 여성스러운 옷들이 자기 것이 될 수 없어서 화가 나 있는 상태다. 이 같은 남자아이들의 배척은 여성적인 것이 남성적인 것보다 열등하다는 생각을 지키고자 하는 메커니즘의 일부다.

아이들은 어른들의 한마디에 상처를 입기도 한다. 하필 그 장소가 아이들이 뭐든 시도해 볼 수 있고, 성별 고정관념에서 벗어나 자유롭게 나아갈 수 있는 유치원이라면 충격이 더 클 수도 있다. 어쩌면 대다수 부모들은 아들이 마음을 다칠 수 있다는 걱정에 반짝이 옷과 머리핀, 매니큐어 같은 걸 좋아하는 여성적인 속성을 숨겼으면 할지도 모른다.

하지만 이것은 아이의 자존감을 높여 주는 해결책과는 거리가 멀다. 부모는 아들이 남성성에 갇히지 않는 강한 개성을 가졌다고 여기는 게 더 바람직하다. 또 아들이 주변 반응에 신경 쓰지 않고 용기를 내도록 지원해 주는 게 더 낫다.

지금까지 우리는 여성성을 강요하는 목소리로부터 벗어나려는, 또 절반이 아닌 전체를 받을 수 있는 권리를 당당히 요구하려는 여자아이들을 격려해 줬다. 남자아이들도 마찬가지다. 그 아이들 역시 여자아이들과 똑같은 권리를 가졌음을 기억하기 바란다.

성평등 솔루션

- 아이가 원한다면 남자아이라도 반짝이 옷이나 액세서리를 착용하게 하세요. 반짝이 제품들은 대개 여아복 매장에서 판매되므로 인터넷 쇼핑몰에서 사는 게 더 편리할 수도 있습니다.
- 고정된 성역할에 도전하는 아이를 믿어 보세요. 여성적인 물품들을 가졌다고 주변의 조롱을 받아도 거뜬히 이겨 낼 수 있을 만큼 강한 아이입니다.
- 무슨 말이든 해야겠다고 생각할 때는 그냥 "반짝이를 입었네."라고 말하세요. 굳이 아이들 성별을 거론할 필요는 없습니다. '예쁘다' 같은 가치판단적인 단어는 제외하고 '반짝이다' 같은 현상만 말하세요.
- 매장 직원이 남자아이에게 "여자애 옷을 골랐네."라고 하거나, 여자아이에게 "남자애 옷을 골랐네."라고 한다면 문제를 제기하세요.

  "돕는다는 마음으로 말씀하셨겠지만, 듣기가 좀 거북하네요. 반짝이를 좋아하는 제 아들이 그 말을 들으면 얼마나 속상할까요? 남자는 반짝이 옷을 사면 안 된다는 얘기 같아서요."

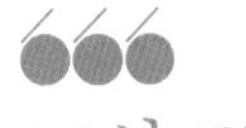

조심 또 조심해!

"여자아이들이 나무에 오르면 다들 조심하라고 말해요. 또 침대에서 뛰어내리면 다친다고 걱정해요. 일단 침대에 앉은 다음 발을 방바닥에 내려놓으라고 하지요."

- 라이모, 3세 아동의 부모

"체육 시간에 아이들이 사다리를 타고 올라갔어요. 그런데 선생님이 여자아이들한테만 조심하라고 소리쳤어요. 여자아이들은 발을 헛디뎌 사다리에서 떨어질 수 있다며, 직접 떨어지는 시늉까지 했어요. 하지만 남자아이들이 올라갈 때는 아무 얘기도 없이 그냥 옆에 서 있더라고요."

- 요세핀, 5세 아동의 부모

아이가 어릴수록 돌봐 줘야 할 것들이 많다. 갓난아이들은 세심한 보살핌이 필요하며, 어른들의 도움 없이는 움직이지도 못한다. 갓난아이들은 성장하면서 호기심이 왕성해지는데, 눈에 보이는 건 뭐든 손으로 잡아 입에 넣는다. 그런 다음 스스로 앉는 법과 기는 법을 배운다. 시간이 좀 걸리긴 하지만 대부분의 아기들은 침대나 소파에서 내려올 때 앞이 아닌 뒤로 내려오는 게 더 안전하다는 걸 스스로 깨우친다.

때때로 부모들은 자신의 아이를 믿고 그냥 지켜봐도 되는지 갈등한다. 밥 먹는 것부터 자전거 타기까지 모든 일들을 아이 스스로 할 수 있게 내버려 둬야 한다고 생각하면서도 실제로는 아이를 믿지 못한다. 아이가 혼자 할 수 있을 때까지 기다려 주지 못하는 부모들이 의외로 많다. 아이가 혹 잘못되기라도 하면 어쩌나 하는 두려움 때문에 그렇다. 이 같은 부모의 마음이 때로는 아이의 성장 발달을 방해하는 요인이 된다.

그런데 여기에도 젠더의 함정이 있다. 일반적으로 우리는 남자아이보다 여자아이의 안전을 더 걱정한다. 똑같은 상황이더라도 여자아이가 더 다치기 쉽고 보호가 필요하다고 생각하는 것이다. 그래서 여자아이들은 어렸을 때부터 "조심해!", "신중해!", "주의해!"라는 말을 귀에 딱지가 앉도록 듣는다.

만일 어떤 아이가 이런 말을 자주 듣는다면 어떨까? "넘어질라, 천천히 걸으렴." "위험하니까 근처에도 가지 마렴." "다칠 수도 있으니 몸조심하렴." 아마 이 아이는 뭔가를 새로 시도해 볼 엄두도 못 낼 것이다. 어쩌면 창의성을 발휘해 스스로 도전해 보는 기쁨을 맛보지 못할 수도 있다.

조심조심!
넘어질라!

성평등 솔루션

- "조심해!" 대신 다른 말을 사용하세요. 아이가 할 행동을 구체적으로 설명해 주는 것도 좋습니다.

  "가로수 옆에 붙어서 자전거를 타렴."

  "저 위쪽 나뭇가지가 튼튼해 보이네. 저걸 잡으렴."

- 아이들 스스로 할 수 있도록 기회를 주세요. 단기적으로 보면 어른이 도와줘서 빨리 해결하는 게 여러모로 좋겠죠. 하지만 장기적으로 보면 부모나 아이 모두에게 바람직하지 않습니다. 아이가 서툴러도 기다려 주세요.

- 같이 놀면서 아이의 운동신경이 얼마나 발달했는지 알아보세요. 부드러운 쿠션이나 이불 등을 이용해 구르기, 물구나무서기 같은 동작을 해 보는 것이죠.

- 숲, 놀이터 등에서 균형 잡기 놀이를 해 보세요. 팔을 쫙 펴면 균형 잡기가 더 쉽고, 자세를 낮추면 무게중심이 낮아져 안정감이 높아진다고 설명해 주세요.

- 아이를 안아 주세요. 울 때만 안아 주라는 법 있나요? 그러고는 네게 무슨 일이 있었는지 안다고 말해 주세요. 아이가 이야기를 꺼내면 잠자코 들어 주세요. 단순히 안아 줘서가 아니라 자신의 상황을 이해해 주는 어른한테서 아이는 위로를 받습니다.

  "네가 넘어지는 모습, 다 봤어."

  "잘 참았구나. 기특해!"

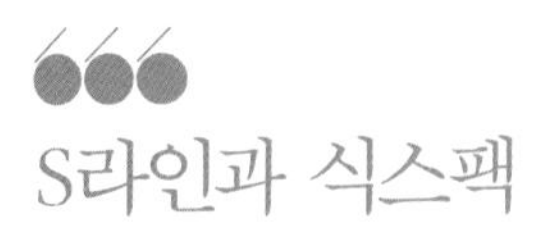

S라인과 식스팩

"아는 사람이 제 아들한테 배트맨 의상을 선물했어요. 울퉁불퉁한 근육이 그려진 옷이었죠. 그럼, 여자아이에게 날씬한 허리를 그려 넣은 공주 드레스를 선물해도 될까요? 궁금하네요."

- 요한, 2·4세 아동의 부모

"제 딸은 늘 자신이 뚱뚱하다고 말해요. 그런 아이를 볼 때마다 저까지 너무 속상해요. 제가 어떻게 해야 할까요? 그 애는 정말 예뻐요. 이제 겨우 여섯 살이고요."

- 프레드리코, 6세 아동의 부모

"제 아들의 눈썹 위가 찢어졌어요. 병원에서 상처를 잘 꿰맸지만 흉터가 심하게 남았죠. 그걸 볼 때마다 속상했는데, 사람들은 다 그 흉터가 남자답고 멋있다네요."

- 사라, 5세 아동의 부모

"제 친구의 아이들이 아주 어렸을 때 개한테 물렸어요. 아주 끔찍한 사건이었죠. 딸아이는 어깨를 물렸고, 아들은 얼굴을 물렸어요. 그때 제 머릿속에 처음 든 생각이 여자아이가 얼굴을 물리지 않아서 천만다행이라는 거였어요. 여자아이니까 외모를 고려하지 않을 수가 없잖아요. 아마 다른 사람들도 다 저처럼 생각했을걸요."

– 디아나, 13·15세 아동의 부모

남자아이들은 힘세고 근육질이며, 여자아이들은 날씬하고 예쁘다. 아마 익숙한 이미지일 것이다. 우리는 매일 광고, 선전 등을 통해 이러한 모습을 접한다. 탄탄한 식스팩 복근을 자랑하는 남성이나 잘록한 허리가 돋보이는 여성을 말이다. 이러한 이미지는 우리에게 안 좋은 영향을 미친다. 비현실적인 모습을 보고 화를 내기는커녕 우리는 그들처럼 될 수 없다는 사실 때문에 스스로에게 짜증을 내곤 한다.

근육 단련이 이로운 이유는 우리 몸을 건강하게 만들어 주기 때문이다. 마찬가지로 비만이 해로운 이유는 여러 질병을 유발할 수 있기 때

■ 젊은 여성의 10%는 식이장애를 겪고 있다. 가장 많은 증상은 신경성 식욕부진증(거식증)이다.
– 웹포헬스(Web4Health.info), 2008.

■ 바비 인형이 사람이라면 키 180cm에 몸무게 40kg이다. 10만 명의 여성들 중 단 한 명만이 바비 같은 체형을 가지고 있다.
– 리사 뷰르발드, 다겐스 뉘헤테르(DN), 2009

체중에 신경 쓰고
다이어트를 하는 제 자신이
아이에게 어떤 영향을 미칠
거라고는 생각지 않아요.

문이다.

그런데 근육질과 비만이라는 양극단 사이에는 상당히 다양한 체형들이 존재할 수 있다. 광고업계 관련자들이나 광고주들은 광고 속 이미지는 대개 인위적으로 보정한 것이고, 실제로는 그렇지 않다는 사실을 모든 사람이 이해할 필요가 있다고 말한다.

■ 스웨덴에서는 2008년, 학급 사진을 찍을 때 에디팅(후보정) 서비스를 제공하겠다는 업체의 제안에 학부모들이 거세게 반발하는 일이 있었다. 결국 그 제안은 취소되었다.

그렇다면 우리는 지나칠 정도로 보정된 이미지가 예외적인 것이 아닌 표준이라는 사실을 이대로 받아들여도 되는 걸까? 우리의 아이들은 그 이미지를 보고 어떤 생각을 할까? 그러한 이상적인 체형과 고정관념을 좇아갈 수 있는 사람들은 정말 극소수다. 대다수 남성들과 여성들은 근육을 만들거나 지방을 없애고 체중을 줄이기 위해 체육관에서 아주 오랫동안 땀을 흘려야 한다.

모든 남성이 키가 크고 힘이 센 것은 아니다. 마찬가지로 모든 여성이 날씬하고 귀여운 것은 아니다. 매체 광고와 모델 잡지에 나오는 이상적인 체형을 가진 사람들은 주변에서 접하기 힘들다.

이상적인 몸매에 대한 개념은 남자아이들보다 여자아이들에게 훨씬 더 편협하고 엄격하다. 허용 범위를 넘어선 사람들은 좌절을 겪기 마련이다. 자신감도 떨어지고, 스스로 멋지고 합당한 사람이라 느끼지도 못한다. 게다가 우리는 남자아이들이 식스팩 근육을 만들려면 고도의 훈련을 받아야 한다고 이성적으로 생각하지만, 여자아이들이 모델 같은 날씬한 체형을 가지려면 꽤 힘든 과정을 거쳐야 한다고 생각지 않는다. 둘 다 똑같이 비현실적인 몸매인데도 우리의 잣대는 다르다.

무엇보다도 우리는 여자아이들의 가치와 정체성이 그들의 외모, 몸매와 강하게 연결돼 있다는 사실을 가르치게 되는 젠더의 함정에 또다시 빠지고 만다. 여자아이들 중 상당수는 어린 나이에도 불구하고 거울 앞에 서서 자신의 몸을 비판적인 눈으로 관찰한다. 정상 체중인 다섯 살짜리 아이가 자신이 뚱뚱하다고 한탄하는 모습은 보기만 해도 너무나 가슴 아프다. 반면 남자아이들은 체형 면에서 비교적 자유롭다. 빼빼 마른 체형이든 포동포동 살찐 체형이든 살아가는 데 별 지장이 없다. 그들은 정체성을 확립하는 과정에서 외모는 그리 큰 역할을 하지 않는다는 사실을 일찌감치 터득한다.

그러나 요즘 들어서는 이러한 경향에도 뚜렷한 변화가 생기고 있다. 이젠 남자아이들조차 외모 지상주의에 빠져, 유행하는 이상적인 남성상을 좇고 있다. 근육질 체형을 만드는 데 돈과 시간을 투자하고 있는 것이다. 물론 아직은 심한 단계는 아니다. 일부 남자아이들이 외모 가꾸기에 관심을 보이는 정도다. 거울 앞에 너무 오래 서 있거나 자신의 옷을 세심하게 살피는 남자아이들은 허영심이 많거나 여자처럼 행동한다는 소리를 듣게 될 위험이 있다. 불행히도 이 말은 칭찬이 아니다.

성평등 솔루션

- 아이들의 외모보다 행동, 성격 등 다른 점을 부각시켜 주세요. 어떻게 생겼는지가 아닌 무엇을 하는지, 어떤 생각을 갖고 있는지에 대해 말해 주세요. 자존감을 형성하는 데 도움이 될 겁니다.
- 아이들에게 텔레비전이나 신문 잡지 광고는 진짜가 아니라 인위적으로 연출한 모습이라고 말해 주세요. 영화 속 무서운 장면이 실은 스튜디오에서 연기한 걸 촬영한 것처럼 말이죠.
- 아이들에게 몸매나 외모를 다루지 않은 잡지를 보여 주세요.
- 당신의 몸을 주제로 아이와 대화하세요. 자신의 몸이 어떻다고 생각하나요? 몸매가 자신의 전부는 아니라고 설명해 준다면 아이들은 이상적인 몸매가 실제로 중요치 않음을 깨달을 겁니다.
- 포토샵 프로그램으로 사진을 보정해 아이에게 보여 주세요. 클릭 몇 번으로 얼굴을 작게 만들거나 몸매를 날씬하게 만들 수 있다는 걸 알려 주세요. 또 물건을 팔기 위해 광고 사진을 조작하는 거라고 말해 주세요.

여자는 머리가 길어야 예쁘지

"루카스가 머리를 길렀을 때는 다들 여자애라고 말했어요. 같은 말을 계속 들으니 힘들더라구요. 결국 전 그 애 머리카락을 짧게 잘라 줬어요."

- 안나, 3세 아동의 부모

"지난여름, 더워 보여서 딸아이의 긴 머리를 잘라 줬어요. 그런데 주위 반응이 뜻밖이었어요. 보기 좋은데 왜 잘랐냐고 하더군요. 잘못 잘랐다면서 머리는 곧 다시 자랄 거라고 위로해 주는 사람도 있었어요. 몇몇 사람들은 아예 대놓고 여자는 머리가 길어야 예쁘다고도 했어요."

- 구스타브, 2세 아동의 부모

"제 조카딸은 머리숱이 거의 없는데도 그 애 부모는 머리핀을 꽂거나 머리띠로 예쁘게 꾸며야 한대요."

- 아미르, 2세 아동의 삼촌

아주 어린 남자아이들은 머리가 길지 않으니 그냥 두는 경우가 많지만, 세 살쯤 되면 부모는 가위를 꺼내 든다. 불문율처럼 내려오는 머리의 규칙을 따르기 위해서다. 어쩌면 아이의 부모는 다른 헤어스타일을 원할지도 모른다. 하지만 여자아이나 남자아이에게 적용되는 머리의 규칙을 저버리는 일은 부모에게도 쉽지는 않다. 남들과 다른 모습이나 자신만의 스타일을 좇을 경우 우리는 종종 주변 사람들의 반대에 부딪힌다. 바로잡으려 하거나 평가하려는 사람들이 늘 존재하기 때문이다.

대부분의 아이들은 긴 머리는 여자아이, 짧은 머리는 남자아이로 알고 있다. 그렇게 머릿속에 저장돼 있는 것이다. 머리 모양은 심하게 성적 코드화돼 있는데, 짧은 헤어스타일은 남성성을 상징하고 긴 헤어스타일은 여성성을 상징한다. 소수의 여자아이들만 머리를 짧게 자른다. 그렇다고 남자아이들처럼 아주 짧게 깎는 경우는 거의 없다. 짧은 머리는 머리핀이나 머리끈 같은 액세서리로 꾸미기는 어렵지만, 엉킨 머리를 풀기 위해 빗질을 자주 할 필요가 없다는 장점이 있다.

많은 부모들은 아이의 머리 길이를 선택할 때 실용성은 거의 따지지 않는다고 강조한다. 성별 구분이 쉽도록 또는 외모를 돋보이게 하는 목적으로 머리를 기르거나 자른다는 것이다. 만일 머리카락의 기능을 생각했다면 모든 아이들은 여름엔 머리를 짧게 자르고 겨울엔 귀와 목뒤를 덮을 정도로 길게 길렀을 것이다.

긴 머리를 싹둑 자른 여자아이나 머리 깎기를 거부하는 남자아이는 성정체성을 의심하는 눈초리와 마주할 수도 있다.

"쇼트커트한 모습을 보니 네가 남자라고 해도 믿겠다."

성 평 등 솔 루 션

- 모든 아이들, 특히 남자아이들에게 머리가 짧든 길든 다 잘 어울린다고 말해 주세요.
- 아이들이 머리를 길러도 보고, 짧게 잘라도 보면서 자신에게 어울리는 스타일을 찾아 가게 하세요. 자신이 좋아하는 머리 모양을 알고 스스로 선택하게 하세요. 짧은 머리는 더울 때 시원해서 좋고, 놀 때 얼굴을 가리지 않아서 편리합니다. 또 긴 머리는 귀를 따뜻하게 감싸 줄뿐더러 얼굴을 가릴 수 있고, 또 깔끔하게 묶을 수 있어 좋습니다.
- 가발을 준비해서 아이들이 다양한 헤어스타일을 경험해 보게 하세요. 아이의 바뀐 머리 모양을 보고 느낌을 말해 주세요. 단, 외모가 아닌 변화 자체에 대해 말하세요.

  "얼굴이 더 잘 보이네. 아주 좋아!"

  "머리를 좌우로 흔들어 봐. 어떤 느낌이야?"

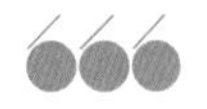

다리 사이에 뭐가 있니?

“아이의 형이 아주 자랑스럽게 ‘쟤 좀 보세요. 음경을 만져요!’라고 소리치더군요. 아이의 부모는 형의 행동을 저지하지 않았고요. 저는 자신의 딸이 음순을 만졌다고 자랑스레 말하는 부모를 여태 한 번도 만난 적 없어요.”

- 미아, 1세 아동의 부모

“엘렌이 방광염을 앓았어요. 저는 인형을 가져와서 의사 선생님이 어떻게 치료할지 미리 보여 주었어요. 먼저 음순을 솜으로 깨끗하게 닦은 다음 이렇게 관을 넣을 거야, 하면서요. 그런데 병원에서 의사 선생님은 다르게 얘기하더군요. ‘자, 내가 네 엉덩이를 솜으로 닦은 다음 거기에 관을 넣을 거야.’ 두 얘기가 달라 혼란스럽고 두려운지, 엘렌의 표정이 일그러졌어요. 의사 선생님은 왜 ‘엉덩이’라고 했을까요?”

- 외리얀, 2세 아동의 부모

“제가 어렸을 때는 음순을 ‘밑’이라고 불렀다니까 딸이 웃더라고요. ‘엄마, 농담이지?’ 하면서요.”

- 오사, 5세 아동의 부모

스웨덴에서는 여자아이의 성기를 가리키는 단어들이 많다. 아마 귀여운 아이들의 눈높이에서 쉽게 설명하려다 보니 여러 개의 단어를 만들어 낸 것 같은데, 이게 꼭 바람직한 현상은 아닌 것 같다. 이렇게 많은 단어로 인한 혼란스러움이 오히려 여성(여자아이)의 성기에 대해 말하는 걸 더 곤란하게 만드는 건지도 모르겠으니 말이다.

남자아이들은 자신의 음경에 관해 이야기할 때 자랑스러움이 느껴지는데, 여자아이들은 전혀 그렇지 않다. 대신 여자아이들은 다리 사이에 있는 뭔가에 대해 얘기할 때는 목소리를 최대한 낮춰 조심스럽게 말해야 된다는 걸 배운다. 이것은 자신의 성기에 대한 여자아이들의 생각에 영향을 미친다. 또 자신의 신체와 자신의 가치를 어떻게 바라볼지에 대해서도 분명 영향을 미친다.

성기를 은밀하게 지칭할 경우 여자아이들은 자신이 어딘가 모자라는 존재라는 생각을 갖게 된다. 심지어 남자아이들도 여자아이를 대할 때 그런 생각을 가진다. 이것은 분명 잘못된 생각이다. 여자아이들도 자신의 성기를 당당히 '음순'이라고 말할 수 있어야 한다.

어떤 사람은 음순에 대해 말하는 것이 문화적으로 민감한 사안이라고 주장한다. 일리 있는 말이다. 대부분의 문화권에서는 여자아이와 여성의 성기를 대놓고 말하지 않는다. 그러나 완곡하게 표현하는 것도 불평등의 일부다.

이 세상 모든 아이들은 자신의 신체를 묘사하는 긍정적인 단어를 가질 권리가 있다. 그러면 귀나 발 같은 다른 신체 부위에 대해 이야기할 때와 똑같이 음경과 음순에 대해서도 스스럼없이 이야기를 나눌 수 있을 것이다. 신체의 모든 부위를 지칭하는 문제는 성별과 관련 없다. 남자아이든 여자아이든 부끄럼 없이 자신의 성기를 말로 표현할 수 있어야 하고, 기능에 대해서도 알고 있어야 한다.

성평등 솔루션

- 여자아이에게 오줌이 나오는 곳을 음부, 음순이라 부른다고 알려 주세요.
- 아이의 성기를 개인적으로 별명을 지어 부르고 싶다면 그렇게 하세요. 신체 부위 중 하나니까 자랑스럽게 말할 수 있어야겠죠.
- 아이랑 얘기할 때 음경, 음순이라는 단어를 스스럼없이 자연스럽게 사용하세요. 어른들이 주저하면 아이들은 그 말이 나쁜 뜻이라고 오해할 수 있습니다.
- 딸아이가 음순이라는 표현을 어려워하나요? 거울로 자신의 성기를 보게 한 다음 음순, 음핵(클리토리스) 등의 위치를 알려 주세요. 남자아이들의 성기는 비교적 쉽게 관찰할 수 있습니다. 음낭, 음경이 어딘지 알려 주세요.

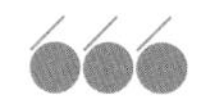

괜찮아, 자연스런 행동이야

어느 시대든 아이들은 다양한 놀이를 통해 자신의 신체를 관찰했다. 그런데 어른들은 음순이냐 음경이냐에 따라 허용 수준이 달랐다. 1970년대 아이들은 자신의 성기를 만져도 별다른 제재를 받지 않았다. 어린아이들이 자신의 몸을 탐험하듯 만지며 노는 건 자연스런 일로 여겼기 때문이다.

하지만 오늘날 어른들은 아이들이 자기 몸을 만지거나 다른 아이의 몸을 만지는 행위를 보고 불편함을 느낀다. 왜 그럴까? 어른들이 무안하고 창피해서? 아니면 아이가 다치기라도 할까 봐 두려워서 그러는 걸까? 특히 여자아이들이 자신의 음순을 조몰락거리는 모습을 보면 더 당황하는 것 같다. 남자아이들이 음경을 잡아당기거나 조몰락거리는 건 대수롭지 않게 여기면서 말이다. 아마도 음경은 만지기 쉬운 곳에 있어서 이해하고 넘어가는 게 아닐까? 어쩌면 남성과 여성의 섹슈얼리티에 관한 역사와 관념에서 비롯한 것일지도 모른다.

■ 사람들은 성적인 존재로 태어난다. 아이는 자신의 섹슈얼리티에 대해 부끄러움이나 죄의식을 느끼지 않아도 된다.
– 스웨덴 성교육협회(RFSU)

아이가 음경이나 음순을 만질 때 우리가 기겁해서 "안 돼, 손 떼!"

요즘 들어
자기 몸을 자꾸 만지네요.
그냥 내버려 둬도
괜찮을까요?

라고 한다면 아이는 창피함과 죄책감을 느낄 수 있다. 이때는 "만져 보니까 기분이 어때?"라고 물으면서 긍정적으로 다가가는 게 좋다. 아이는 자신의 성기를 만졌을 때 기분이 좋다는 걸 알았다. 그런데 어른이 정색을 하고 만지면 안 된다고 하니 얼마나 혼란스럽겠는가. 아이들의 행동을 자연스런 성장 과정으로 이해하지 않는다면 우리는 그 아이들을 여성적 또는 남성적인 섹슈얼리티에 관한 사회의 고정관념 속에 남겨 두는 것이다. 청소년과 어른들의 섹슈얼리티에 관한 이야기는 평등하지 않다.

소년들과 남성들은 성적 욕구가 강한 동물로 묘사된다. 반면 소녀들과 여성들의 성적 욕구는 거의 언급되지 않는다. 그들에게도 성적 욕구가 있는데도 말이다. 섹스 파트너가 많은 여자들은 종종 창녀, 매춘부 같은 말로 비하된다. 똑같은 바람둥이라도 남자들은 동경의 대상이어서 플레이보이나 카사노바 같은 말로 불린다. 똑같은 행위가 남성들에게는 긍정적인 의미로, 여성들에게는 부정적인 의미로 해석되는 것이다.

왜 남자는 되고
여자는 안 되죠?

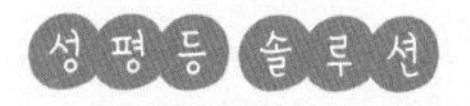

- 아이가 성기를 만질 경우, 자기 몸을 알아보는 거니까 괜찮다고 말해 주세요.

  "음경/음순 만졌구나. 기분이 어때?"

  "몸 만지고 있었어? 간식 갖고 왔으니 손 씻고 같이 먹자."

  "네 몸을 만지고 있었구나. 괜찮아. 어른들도 자기 몸을 만진단다."

- 아이가 성이나 섹슈얼리티에 대해 질문하면 직설적으로 대답해 주세요. 요즘 아이들은 듣고 보는 게 많아서 질문도 많습니다. 대답하기 곤란한 질문도 있겠지만, 아이가 무안하지 않도록 간략하게 설명해 주세요.

- 아이들에게 섹슈얼리티에 대한 어른들의 생각을 주입시키지 마세요. 아이들 스스로 알아 가는 걸 묵묵히 지켜봐 주세요.

- 아이들에게 성기는 네 것이니까 누구든 함부로 만져서는 안 된다고 하세요. 자신이 허락하지 않으면 아무도 만질 수 없다고요. 예를 들어 누가 코를 만지려 하면 어떻게 하나요? 먼저 만져도 되는지 허락을 구하라고 하겠죠? 어떤 경우에 몸이 가장 편안했는지, 아이 스스로 알아볼 기회를 주세요. 만일 몸이 불편하거나 불쾌했던 적이 있다면 어떤 상황이었는지 말해 보라고 하세요.

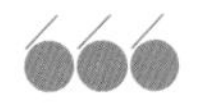

소변볼 때 꼭 일어서야 하니?

"마티아스는 두 살 때 서서 오줌을 눴어요. 변기에 누려면 발판 위에 올라가야 했지만요. 자부심이 정말 대단했어요."

- 욘, 4세 아동의 부모

"제 아이가 다니는 유치원에서는 여자아이와 남자아이가 화장실을 함께 사용해요. 그런데 변기 주변에 소변이 뿌려져 있거나 변기 시트에 소변이 묻어 있는 경우가 많은가 봐요. 많은 아이들, 특히 여자아이들이 화장실 가기를 불편해해요. 남자아이들도 대변을 보려면 앉아야 할 텐데, 분명 내키지 않겠죠? 이건 아이들의 교육 환경과 관련 있는 문제예요."

- 호세, 4·5세 아동의 부모

"제 아들이 앉아서 소변을 봐야 한다고요? 절대 동의할 수 없어요."

- 말린, 4세 아동의 부모

어느 시기가 되면 아이들은 기저귀를 떼고 어린이용 변기를 사용하기 시작한다. 부모들은 이 놀라운 발전에 기뻐하며 이 순간의 감동을 기록으로 남긴다. 이때까지는 여자아이들과 남자아이들의 행동이 그리 다르지 않다. 모든 아이들은 어린이용 변기에 앉아 용변을 본다. 그리고 얼마 뒤 남자아이들이 일어서서 소변을 보기 시작한다. 논쟁거리가 생기는 순간이다. 이때부터 어른들의 의견이 확연히 갈린다. 남자아이는 소변을 볼 때 일어서야 한다는 쪽과 앉아야 한다는 쪽으로 나뉜다. 이것은 대수롭지 않은 문제일 수도 있으나 가끔은 심각한 갈등의 원인이 된다. 왜 그럴까? 왜 우리는 자그마한 남자아이들에게 앉지 말고 서서 볼일을 보라고 가르치는 걸까? 남자아이들한테 그게 더 간단하고 편하기 때문에? 아니면 그게 남자라는 상징성을 띠기 때문에?

화장실 같은 공공시설을 설계할 때, 일반적으로 모든 사람들의 의견이 반영되지는 않는다. 그 대신 오래된 전통과 가치관들이 설계도에 담긴다. 이게 아니라면 소녀들은 화장실에 혼자 들어가서 문을 걸어 잠그고 변기에 앉는데 소년들은 여러 개가 나열된 소변기를 사용하는 현상을 어떻게 설명할 수 있겠는가.

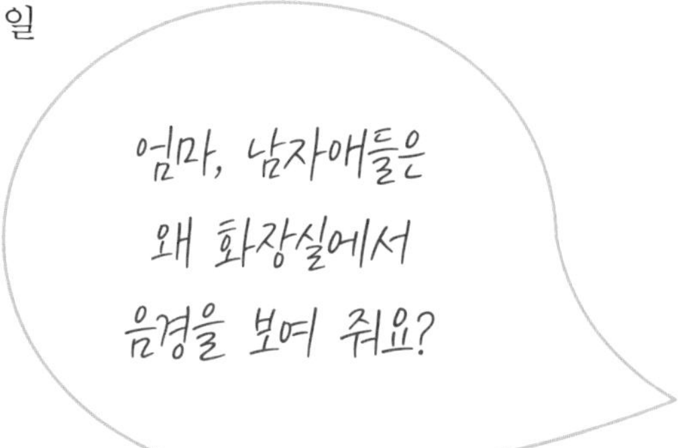

엄마, 남자애들은
왜 화장실에서
음경을 보여 줘요?

때로 남자들은 여럿이 일렬로 서서 소변을 눈다. 그런데 우리는 이러한 상황에 대해 전혀 문제를 제기하지 않는다. 오히려 줄 서서

남자들은 변기에
앉아서 소변을 보면
안 돼!

오래 기다리지 않아도 되니 편리하겠다고 말한다. 과연 남자라고 해서 자신의 성기를 남이 볼 수 있는 곳에서 노출하는 일이나 다른 사람의 성기를 보는 일이 쉬울까? 그건 아닐 것이다.

여자 화장실은 칸들이 철저히 분리돼 있어 용변 보는 모습을 다른 사람들에게 보여 주지 않아도 된다. 하지만 남자 화장실은 그렇지 않다. 소변보는 변기 따로, 대변보는 변기가 따로 있다. 문제는 소변기 사이에 칸막이가 설치된 곳이 드물어 자신의 뜻과 상관없이 소변보는 모습을 남들에게 공개해야 한다는 것이다. 그런데도 어떤 여자들은 빨리 그리고 쉽게 소변을 볼 수 있다고 남자들의 화장실을 부러워하기도 한다.

세계의 여러 나라들은 화장실 소변기를 남성과 여성이 스스로 선택하도록 했다. 앉든 서든 자신이 원하는 방식으로 소변을 눌 수 있는 것이다. 그렇지만 아직도 우리의 관심이 덜 미치는 부분이 있다. 바로 남녀 성별에 따라 구분해 놓은 공공 화장실이다. 몸은 여자인데 정신은 남자인 트랜스젠더는 어떤 화장실을 사용해야 할까? 남자 화장실? 아니면 여자 화장실? 트랜스젠더에 대한 사회적 인식이 개선되면서 이 문제도 수면 위로 올라오고 있다.

성평등 솔루션

- 용변이 마려운 아이들을 변기에 앉힌 다음 시간을 충분히 주세요. 그러면 오줌이 변기 밖으로 튀는 걸 막을 수 있어 모두에게 쾌적한 환경을 제공할 수 있습니다.
- 남자 화장실을 청결하게 유지해 주세요. 일반적으로 남자 화장실이 여자 화장실보다 더 지저분하고 더러운 경우가 많습니다. 청결함과 쾌적함은 모든 아이들에게 중요합니다.
- 유치원이나 학교에 남녀 공용 화장실을 설치해 달라고 제안해 보세요. 대부분의 집들은 남녀 공용 화장실이니, 아이가 더 빨리 익숙해질 수 있겠죠.
- 아이들에게 남자와 여자는 신체 구조가 달라서 오줌 누는 모습도 다르다고 설명해 주세요.
- 남자아이들에게 오줌이 사방으로 튀지 않도록 성기를 잡고 볼일을 보라고 하세요.

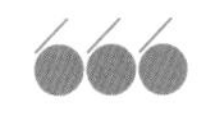

방귀대장 '뿡뿡이'는 남자일 거야

"이웃집에서 커피를 마시고 있는데, 그 집 딸이 스웨터에 아이스크림을 조금 흘렸어요. 그러자 그 애 부모는 잔소리하면서 옷을 입힌 채로 딸을 세탁기에 넣어 돌려야겠다고 농담을 하는 거예요. 바로 옆에서 스웨터 전체에 바나나를 덕지덕지 묻힌 채 앉아 있는 아들한테는 아무 말도 안 하면서요."

- 크리스티안, 3세 아동의 부모

"딸아이가 깨끗하고 얌전하면 좋겠어요. 음식을 집어먹은 손을 옷에 닦거나 음식을 질질 흘리면서 먹는 건 딱 질색이에요. 그러면 옷에 얼룩이 생기잖아요."

- 파트리시아, 3세 아동의 부모

"제 딸은 방귀를 뀐 다음 아주 행복한 표정으로 물어요. '엄마야?' 그러고는 자신이 방귀를 뀌었다고, 활짝 웃으면서 말해요. 자신이 한 일이 아주 자랑스럽다는 듯이 확인해 줘요."

- 카로, 3세 아동의 부모

대부분의 사람들은 여자아이들의 몸과 옷이 남자아이들보다 더 깨끗할 거라고 기대한다. 이 같은 생각은 옷의 색깔에서도 드러나는데, 여자아이들의 옷이 남자아이들의 옷보다 색상 면에서 더 산뜻하고 밝다. 때와 얼룩이 덜 생길 거라 믿기 때문이다.

또한 여자아이들은 청결에 관심이 많으며 스스로 깨끗함을 유지하려 애쓴다고도 생각한다. 몸과 옷이 더러워지면 알아서 말끔하게 씻고 새 옷으로 갈아입는다는 것이다. 반대로 남자아이들은 몸과 옷이 지저분해져도 개의치 않는다. 재밌게 놀면서 즐거운 시간을 보냈으니 괜찮다는 식이다. 입고 있는 스웨터를 보면 오늘 뭘 먹었는지 알 수 있는데도 웃음 몇 번으로 무마해 버린다. 너무도 활동적인 남자아이들은 정말 변명거리가 많은데, 거의 대부분은 영양가 없는 얘기들이다.

여자아이들이 코를 후벼 파거나 트림을 하거나 방귀를 뀔 경우 바로 따가운 잔소리가 날아온다. 남자아이들에 비하면 그야말로 초스피드다. 그 이유는 착한 여자아이들은 그런 무례한 행동을 하지 않기 때문이다. 반대로 남자아이들은 방귀를 뀌거나 트림을 해도 괜찮다. 오히려 재미있다고 크게 웃는다. 나이가 세 살이건, 열세 살이건, 스물세 살이건, 마흔세 살이건 뭐라 하는 사람이 없다.

신체 활동과 관련한 생리 현상들은 남자아이 무리에서 훨씬 더 자연스러운 것 같다. 대부분의 남자들은 용변을 볼 때 소리가 나든 말든, 남이 듣든 말든 신경 쓰지 않는다. 변기에 앉아서 소변을 보면 소음이 덜 생기지만, 그렇게 하는 남자는 거의 없다.

그러나 여자아이들은 우리 몸이 내는 소리를 최대한 낮추는 법을 배운다. 아주 자연스런 생리 현상인데도 참는 게 기본 예의라고 생각한다. 그럼, 방귀를 뿡뿡 뀌거나 대변보는 소리가 요란한 여자는 착한 공주가 될 수 없는 걸까? 우스운 얘기 같지만 자세히 들여다보면 무서운 결과를 초래할 수 있다. 성인 기준으로 매일 1~2리터 정도의 공기가 창자를 통과하는데, 참아야 한다는 일념에 압력을 완화시키지 못하면 복부가 팽창해 통증을 느낄 수 있다고 한다. 방귀 참으면 병 된다는 말이 그냥 나온 게 아니다.

성평등 솔루션

- 아이들, 특히 여자아이들에게 청결을 강요하지 마세요. 아이에게 기능적이고 세탁하기 편한 옷을 입혀서 신나게 놀게 하세요.
- 아이들에게 생리 현상은 자연스러운 거라고 말해 주세요. 사람들은 다 방귀도 뀌고, 트림도 하고, 똥도 싼다고 말이죠. 아름다운 여왕이나 공주 그리고 유명한 영화배우들도 다 하루에 몇 번씩 생리 현상을 경험한다고 말해 주세요.
- 몸의 긴장을 풀고 편안한 자세를 취하세요. 상황에 따라서는 생리 현상을 참아야겠지만, 너무 자주 참는 건 건강에 좋지 않습니다.

가장 빠른 정자가 아기가 되네

"남자아이들 중 한 아이가 어떤 선생님과 같은 테이블에 앉으려 하지 않았어요. 선생님 배 속에 아기가 있다는 말을 듣고 그 아이는 선생님이 아기를 잡아먹었다고 생각했나 봐요. 무서워서 같이 안 앉았대요."

- 레나, 유치원 교사

"아기는 어디서 와요?" "아기는 어떻게 만들어져요?" 많은 아이들이 궁금해하는 내용이다. 이에 대해 설명할 때 우리는 종종 난자와 정자가 주인공인 동화를 들려준다. 올챙이처럼 생긴 정자들이 빠르게 헤엄쳐서 가만히 기다리고 있는 난자에게로 가는 이야기 말이다. 이 경기의 승자는 '가장 빠른 정자'다. 그리고 그 정자와 난자가 만나 아기가 된다고 말한다. 음경 속 정자들이 어떻게 난자가 있는 몸속에 들어갈 수 있는지 설명할 때는 아기가 세상에 나오는 길을 따라 들어간다고 에둘러 표현하기도 한다.

정자가 헤엄쳐 올 때
난자는 뭐해요?

이 두 이야기에서 우리는 남성성과 여성성에 대한 수많은 고정관념과 신화들을 또다시 반복한다. 이야기 속에서 난자는 늘 수동적으로 기다리는 존재다. 왜 그래야만 할까? 난자가 정자한테로 가는 이야기는 불가능할까? 또 가장 먼저 도착한 정자 하나가 난자 속으로 들어가는 내용이 아니라 난자가 하고많은 정자들 중에서 어떤 것 하나를 선택해서 만났다고 하면 안 될까?

난 시험관에서 수정되어 자궁으로 옮겨졌대.

오늘날엔 아기가 만들어지는 방법이 다양하다. 자연 임신부터 인공 수정, 시험관 시술에 이르기까지 실로 다양한 방법으로 아기를 가진다. 그럼, 아기가 만들어지는 이야기도 다양해져야 하는 것 아닌

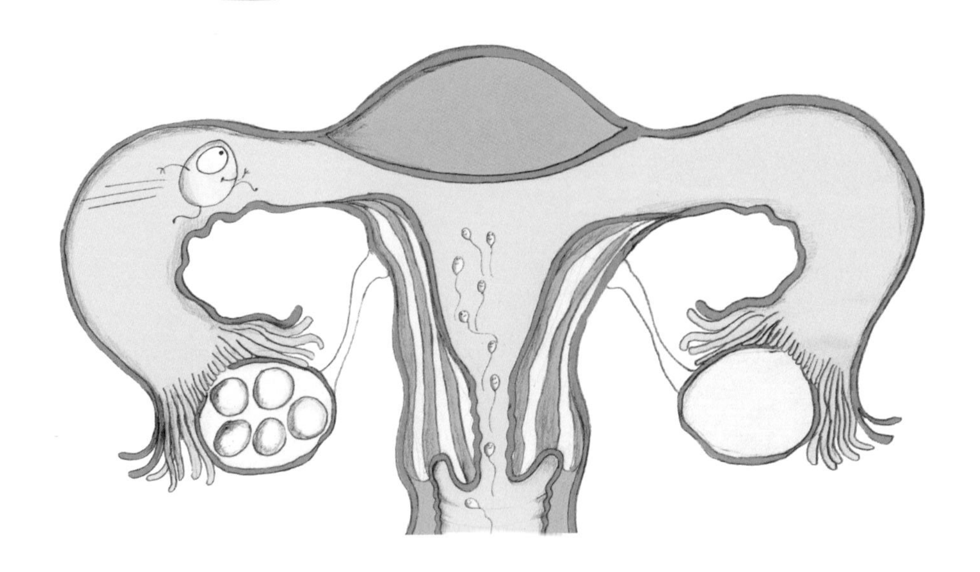

가? 마찬가지로 사랑과 가족도 다른 관점에서 바라볼 수 있다. 어떤 아이들은 엄마만 있거나 아빠만 있는데, 어떤 아이들은 엄마만 둘이다. 또 어떤 아이들은 엄마 아빠가 한 명씩 있는데, 어떤 아이들은 두 명의 아빠와 두 명의 엄마가 있다.

■ 스웨덴에서는 한 명 이상의 성인과 여러 명의 아이들로 구성된 가족을 핵가족이라고 부른다. 이것은 모든 가족 형태를 다 포함하는 단어다. 무엇보다 가족의 기본은 사랑과 배려와 존중이며, 이것은 생물학적인 연결보다 더 중요한 가치를 지녔다고 말한다.
– 개념 도입, 2009

엄마, 아빠, 아이로 구성되지 않은 가족 형태도 많은데 우리는 여전히 핵가족이 옳고 바람직한 모습인 것처럼 이야기하고 있다. 이 같은 행위는 핵가족에 속하지 않는 수많은 아이들과 그 가족을 무시하고 배척하는 것과 같다. 혼자가 아니라 아이가 있는 사람인데도 불구하고 우리는 '홀아빠/싱글대디', '홀엄마/싱글맘'이라고 부른다. 어쩌면 핵가족과는 다른 형태로 살고 있는 아이들은 자신이 뭔가 부족한 사람이고, 자신의 가족이 정상적이지 않다는 생각을 가질지도 모른다.

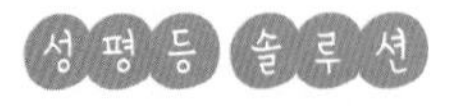

- 아기가 어떻게 태어나는지 이야기해 주세요.

난자도 빠르게
달릴 수 있나요?

"음순 안쪽에는 자궁이라는 아기방이 있어. 그 안에서 아기가 자라지. 그러려면 먼저 정자와 난자가 필요해. 난자는 여자 몸속에 있는 난소 안에 들어 있고, 정자는 남자 몸속의 고환(정소)에서 만들어져. 난자와 정자가 만나서 합쳐져야 아기가 될 수 있어. 이 둘은 몸속에서 만날 수도 있고(성행위나 인공 수정을 통해), 몸 밖에서 만날 수도 있어(체외 수정/시험관 아기). 정자와 난자가 합쳐진 걸 수정란이라고 부르는데, 이것이 자궁 안에서 약 9개월 동안 자라면 아기가 되는 거야. 다 자란 아기는 세상에 나올 준비를 하지. 아기가 나오는 길을 질이라고 해. 아기는 아주 강한 근육인 질을 통해 나오기도 하고, 배를 절개한 뒤 꺼내기도 해(제왕절개)."

- 아이에게 가족은 여러 형태로 존재할 수 있다고 설명해 주세요. 예를 들어 독신 가족, 입양 가족, 핵가족, 대가족, 확대가족, 다문화 가족, 한부모 가족, 조손 가족, 동거 가족, 재혼 가족 등이 있습니다. 형태는 달라도 모든 가족은 사랑으로 연결돼 있으며, 편견 없이 바라볼 수 있어야 한다고 말해 주세요.

Key Point

평등한 몸과 신체 활동

자신의 몸에 대한 생각은 아이들의 자존감과 정체성 형성에 영향을 미친다. 이 세상 모든 아이들이 자신의 몸을 긍정적으로 바라볼 수 있도록 돕는다면, 또 몸을 이용해 나무에 오르거나 뛰거나 숨거나 놀 수 있도록 돕는다면 이미 우리는 아이들에게 많은 것을 준 셈이다.

만일 우리에게 신체적 평등권이 있다면, 아이들은 더 이상 체형으로 평가받지 않을뿐더러 머리 모양이나 근육 등으로 자신을 표현할 필요도 없을 것이다. 여성, 남성, 중성 같은 성별과 상관없이 존재 그 자체로 이 세상에서 가치를 인정받을 수 있기 때문이다. 우리 몸은 기능이 중요한 것이지, 남들 눈에 좋게 보이려고 존재하는 것은 아니다.

모든 아이들은 소근육과 대근육을 활용해 자신의 영역을 얻거나 양보하는 연습을 해야 한다. 자신의 성별을 자랑스럽게 드러내고, 자기 몸에 대한 결정권은 오로지 자신에게 있음을 알아야 한다. 신체적으로 평등한 아이들은 강한 독립성뿐만 아니라 자기 자신과 다른 사람을 존중하고 배려하는 마음을 가진다. 이는 책임감 있는 올바른 성 가치관 확립에 도움을 준다.

스웨덴 유치원의 성평등 교육

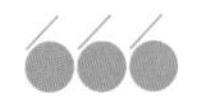

스웨덴 유치원의 현주소

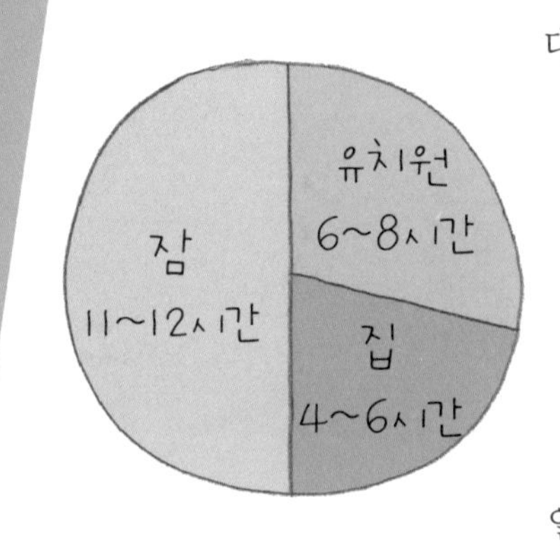

대부분의 스웨덴 아이들은 깨어 있는 동안 집보다 유치원에서 더 오래 지낸다. 하루에 8시간씩, 대략 1,000일 동안 유치원에서 생활한다고 했을 때 아이들이 유치원에 머무는 시간은 총 8,000시간이다. 이것은 3,000시간의 생일 파티나 1만 5,000시간의 저녁 식사와 맞먹는 시간이다.

아이들은 유치원에서 많은 시간을 보내며 성장한다. 그곳에서 아이들은 인격을 형성하고 자신이 어떤 존재인지 발견한다. 풍부한 어휘력과 다른 사람과의 상호작용도 아이들이 유치원에서 터득하는 것들이다. 아이들은 다양한 감정들을 경험하면서 성격과 능력을 발전시킨다. 무엇보다 아이들은 유치원에서 여자 또는 남자가 되는 법을 배운다.

그런데 모든 부모들이 원하는 유치원을 항상 선택할 수 있는 것은 아니다. 때로는 원치 않는 유치원에 아이를 보내야 할 수도 있다.

그래도 유치원 활동에 영향을 미치도록 의견을 제시할 수는 있기에 실망하기는 이르다. 의견을 낼 때는 질문 형식으로 대화를 시작하는 게 바람직하다.

대부분의 유치원 교사들은 아이들이 안정적이고 발전적인 환경에서 교육받고 있는지에 대해 항상 관심을 기울이는 부모들에게 감사한 마음을 가지고 있다. 또 부모들은 교사들이 어떻게 일하는지, 또 그들이 가진 가치 기준이 어떠한지 알면 마음의 안정을 찾을 수 있을 것이다. 아이가 울 때 교사들은 어떻게 대응하는가? 운동신경이 발달했거나 발달하지 못한 아이들을 훈련시키기 위해 교사들은 어떻게 하는가? 아이들에게 말하기, 듣기, 스스로 행동하기, 자기 차례 기다리기 등을 가르치기 위해 교사들은 어떤 활동을 하고 있는가?

■ 'Lpfö 98'은 1998년 8월 1일 발표된 스웨덴 유치원의 교육 과정(Läroplan för förskolan)이다.

■ 여자아이들과 남자아이들은 어른들이 자신을 대하는 태도, 요구 및 희망사항 등에 따라 무엇이 여성스럽고 남성스러운 것인지 깨닫는다. 유치원에서는 전통적인 양성 역할이나 패턴에서 탈피해야 한다. 또 외부에서 미리 정의해 놓은 양성 역할에서 벗어나 여자아이들과 남자아이들 모두 같은 가능성을 가지고 능력과 흥미를 계발할 수 있어야 한다.

← 스웨덴 유치원의 교육 계획

1998년 스웨덴 유치원들은 단순 탁아소가 아닌 학교의 일부가 되었고, 고유의 교육 과정(교육법 Lpfö 98)을 가지게 되었다. 그리고 지금까지 학교법에 따라 운영되고 있다. 유치원의 경우 아이들이 접하는 모든 것들, 즉 놀이 교재부터 다양한 활동에 이르기까지 모든 부분에서 성평등 교육을 실천해야 한다. 스웨덴 학교는 성평등을 아주 중요한 가치로 여긴다. '유치원 교육 과정'과 '학교법'은 유치원에서 일하는 사람이라면 반드시 지켜야 하는 법규다.

■ 학교에서 일하는 사람들은 첫째, 성평등 교육을 의무화하고 둘째, 따돌림이나 인종차별적인 행동 등에 적극적으로 대처해야 한다.
-- 스웨덴 학교법 제1장 제2조

유치원과 학교에서 이루어지는 모든 활동들을 관할하는 법 말고도 '차별 금지법'이 2009년 1월 1일부터 시행되고 있다. 이 법은 어린아이를 포함한 모든 사람들이 차별로부터 보호받도록 돕는다. 차별 금지법에 따르면 유치원과 학교는 '평등 대우 계획안'을 가지고 있는데, 여기에는 모든 아이들이 동등한 대우를 받을 수 있도록 개개의 유치원이 어떻게 해야 하는지 명확하게 제시돼 있다.

평등 대우 계획안이란 모든 아이들은 성별, 트랜스젠더적인 정체성이나 표현, 인종, 종교, 신체장애, 섹슈얼리티, 나이에 상관없이 각자가 평등한 대우를 받을 수 있는 권리를 가진다는 내용이다.

평등 대우 계획안에 담긴 내용

비전_ 동등하고 평등한 유치원이 어떤 모습이기를 바라는지, 유치원 직원들이 원하는 바를 묘사한다. 이러한 비전은 아이들 개개인과 아이들 집단에 적용될 것이다.

현재 상태 분석_ 성별, 인종, 신체장애, 섹슈얼리티, 종교에 따른 활동을 기술하는 것. 조사는 활동의 관찰을 통해 이루어지며, 아이들과 부모들이 포함될 것이다. 선생님들이 아이들을 어떻게 대하고, 아이들이 놀이 교재를 어떻게 선택하며, 함께 노는 아이들이 누구인지, 또 아이들이 참여하는 활동은 무엇이며 아이들 그룹의 분위기는 어떠한지 관찰한다.

목표_ '누가' 무엇을 하는지, '어떻게' 하면 되는지, '무엇'을 하면 좋은지 등을 구체적으로 보여 준다. 목표는 계획표에 따라 제한된 시간 안에 이룰 수 있는 것이어야 한다. 더 폭넓은 모범 사례의 다양성을 아이들에게 제공하는 것이 목표라면 젠더적 관점에서 유치원 교재와 장난감을 살펴보는 일이 한 방법일 수 있다. 이로써 평등을 추구하려는 유치원의 의무를 다할 수 있다.

관찰과 평가_ 유치원이 규정된 목적에 도달했는지 보여 주며, 어떤 방법이 성공적으로 잘되었는지 그리고 어떤 부분이 개선될 필요가 있는지를 보여 줄 기회를 제공한다. 조사에 사용된 것과 똑같은 방법들은 관찰에서도 사용될 수 있다. 관찰과 평가는 비교를 용이하게 하며 변화를 살펴볼 수 있도록 해 준다.

긴급 대처 계획안_ 어떤 어린아이나 부모가 창피나 조롱을 당했다고 느꼈을 때 교사와 관리자가 어떻게 행동해야 하는지를 설명해 주는 것. 긴급 대처 계획안은 사건을 어떻게 추적하고 당사자들 간에 어떻게 소통할지에 대해서도 설명해 준다.

역량 발전 계획안_ 성평등, 기회 균등과 관련해서 교육자 그룹에 어떤 역량이 있는지 그리고 미래에는 어떤 역량 발전이 필요한지를 기술하는 것. 예를 들어 강연, 다른 유치원 견학, 교사나 자료 교환 같은 것이 될 수 있다.

부모와 아이의 참여_ 성별에 관계없이 모든 아이들이 동등한 교육을 받을 수 있는 유치원이 되려면 부모들과 아이들의 적극적인 참여가 필요하다. 그 방법으로는 설문 조사, 인터뷰, 대화 등이 있다. 차별을 금지하고 성평등 교육을 실천하기 위한 유치원 비전을 설정할 때 부모들과 아이들의 목소리를 듣는 건 아주 바람직한 일이다. 부모들의 경우 학부모 회의에 참석해 자신의 의견을 제시할 수도 있다.

평등 대우 계획안은 끝까지 관철 및 평가되어야 하고, 적어도 1년에 한 번은 개정되어야 한다.

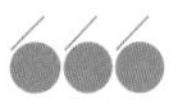

선생님의 고민_ 부모와의 대화로 해결하세요

"자기 딸을 공주로 만들고 싶은 부모들이 많아요. 그 점에 대해 부모들과 대화를 나누는 일은 무척 어려워요. 그들은 제가 사적인 문제에 관여하는 걸로 받아들이거든요."

- 베리트, 교사

"운동장에는 여자아이들만 나와 있었어요. 그때 남자아이 한 명이 나오자 부모들이 자신의 아이는 어디 있냐고 묻더군요. 부모들은 자기 아들도 밖에서 놀 수 있도록 우리가 데리고 나왔으면 하는 눈치였어요."

- 가브리엘라, 교사

"우리가 학부모 모임에서 성평등 문제를 꺼내 들면 순식간에 조용해져요. 부모들의 관심사는 우리가 아이들에게 계산하는 법과 쓰는 법을 가르칠 계획이 있는지예요. 다른 것들은 자신의 아이에게 영향을 미치지 않는다고 생각하는 것 같아요."

- 아담, 교사

유치원 교사들은 성평등 교육을 추진할 수 있는 능력과 호기심, 용기, 인내심 등이 있어야 한다. 아직 일부 부모들은 남자와 여자의 역할을 구분 짓지 않고 동등하게 교육하는 정책을 못마땅하게 여기기도 한다. 이 경우 교사들은 유치원 교육 과정과 유치원 운영을 관리·감독하는 법을 내세워 그들을 설득하면 된다. 교사와 부모의 인식은 차이가 있기 마련이다. 게다가 성평등과 관련한 부모의 가치 기준은 법으로 규제받지 않지만 유치원은 사정이 다르다.

일단 아이를 유치원에 보내기로 한 부모들은 유치원 교육 과정을 간접적으로 허용한 셈이다. 만일 크게 불만스러웠다면 아이를 보내지 않았을 테니 말이다. 아직 성평등 교육을 이해하지 못하는 부모들이 있다면 대화로 설득해야 한다. 교사들이 평등 교육을 왜 하는지, 또 어떻게 실천하는지 알려 주는 것이다.

다음 질문들은 유치원 현장의 목소리를 담고 있다. 어떤 문제에 대해 교사와 부모의 생각이 어떻게 다른지, 함께 들여다보자.

교사 : 놀이에 적합하지 않은 옷을 자주 입고 오는 아이들이 있어요. 그 아이들의 부모에게 뭐라고 얘기할까요?

옷을 자신이 어떤 사람인지 표현하는 도구라 여기는 사람들은 옷차림을 중요시할뿐더러 유행에 민감하게 반응합니다. 그래서 아이들

옷도 디자인을 보고 선택하지요. 유치원 입학식이나 첫 학부모 회의 때 유치원 활동에 참여하는 아이들의 옷차림에 대해 알려 주세요. 어떤 옷이 불편하고 안전을 위협하는지 부모들에게 구체적으로 말해 주세요. 때로는 옷과 액세서리 때문에 아이들 사이에서 따돌림을 당할 수도 있습니다. 교사들은 외모나 옷차림으로 아이를 판단하지 않습니다. 자신의 아이가 주목받기를 원해 예쁜 옷을 입히는 부모들에게 교사로서 말하세요. 옷차림과 상관없이 모든 아이들을 동등하게 대하니 걱정하지 말라고요. 교사들과 학부모들이 합의해 유치원에 어떤 옷을 입고 올지 기준을 정하는 것도 한 방법입니다.

부모에게 : 아이들에게 어떤 옷차림이 적당하다고 생각하세요? 물론 아이들도 어른들과 마찬가지로 가끔은 화려하고 멋지게 차려입고 싶을 겁니다. 하지만 놀이 활동에 방해되는 옷차림이라면 안 되겠죠? 찢어지거나 늘어나기 쉬운 옷들은 교사나 아이 모두에게 스트레스를 줍니다. 교사는 아이들 옷을 살피느라 활동을 제대로 시킬 수 없고, 아이들은 옷이 망가질까 봐 몸을 사리게 됩니다. 젠더의 함정에서 〈왜 마음대로 못 입죠?〉(2장)를 읽어 보세요.

교사 : 어떤 부모는 아들이 드레스를 입거나 인형을 가지고 노는 걸 바라지 않아요. 그럴 경우 어떻게 해야 할까요?

유치원에서는 고정화된 남녀의 성역할을 깨뜨리는 교육을 실천하고 있다고 말하세요. 남자아이, 여자아이가 아니라 그냥 유치원에 다니는 아이들일 뿐입니다. 인형을 가지고 노는 아들이 못마땅한 부모에게 교사로서 이야기하세요. 인형을 가지고 놀면서 아이들은 돌보는 역할도 해 보고, 친밀감과 공감 능력을 키울 수도 있다고요. 또 아이들에게 드레스는 그냥 옷의 한 종류라고 말하세요. 남자아이들도 얼마든지 드레스를 입을 수 있다고요. 만일 모든 아이들이 치마나 드레스를 입고 춤을 춘다면 아무 문제도 아니겠죠? 그 상황에서 남자아이만 다른 옷을 입힌다면 그게 오히려 문제일 듯싶네요. 훌륭한 무용가가 되기 위해서는 힘과 균형이 필요하며, 무용수들 중에는 남자들도 많습니다.

부모에게 : 아들이 인형을 가지고 놀거나 드레스를 입을 경우, 혹 그 아이에게 무슨 일이 생기기라도 할까 봐 두렵나요? 요즘에는 아빠들이 아이를 돌보기 위해 육아휴직을 신청하는 경우도 많은데, 남자아이라고 해서 인형놀이를 하지 말라고 할 순 없겠죠? 미리 연습해 본다고 생각하세요. 또 남자아이들도 예쁜 드레스를 보면 입어 보고 싶을 겁니다. 다양한 역할을 경험해 봄으로써 아이는 더 발전할 수 있습니다. 때때로 우리는 아이를 위한답시고 이래라저래라 하는데, 오히려 그게 아이의 발목을 잡을 수 있습니다. 불필요한 걱정과 두려움에서 벗어나세요. 부모가 두려워하는 일이 아이에겐 아무것도 아닐 수 있으니까요.

교사 : 감정을 꾹꾹 누르는 남자아이를 보면 따뜻하게 위로해 주고 싶은데, 잘 안 되네요. 못 본 척 지나가거나 침묵하게 됩니다.

자신의 감정을 말이나 행동으로 표현하는 데 어려움을 겪는 아이들이 많습니다. 그런 아이들을 대하는 일은 쉽지 않고요. 감정 표현은 용기가 필요한 일입니다. 감정을 드러냈다가 상처를 받을 수도 있기 때문이죠. 감정 표현이 익숙지 않은 아이에게는 이 방법을 사용해 보세요. 슬프거나 두렵거나 화가 난 봉제 인형이나 캐릭터를 가지고 역할놀이를 해 보는 겁니다. 아이들은 자신의 감정을 인형이나 캐릭터에 투영해 표현할 수 있습니다. 아이들이 원하지 않으면 그 감정은 인형이나 캐릭터의 것이고요. 또 다른 방법은 그림 그리기입니다. 감정을 숨기는 아이에게 얼굴을 한번 그려 보라고 하세요. 화난 얼굴, 슬픈 얼굴, 좌절한 얼굴, 웃는 얼굴 등을요. 우리는 그림 속 표정을 통해 아이들의 감정을 파악할 수 있습니다. 아이들과 감정에 대해 이야기해 보세요. 선생님도 슬프거나 속상하거나 두려울 때가 있으며, 그럴 때는 어떻게 하는지 말해 주세요. 자신의 기분이 어떠한지 말하는 건 결코 나약한 게 아니라고 말해 주세요.

부모에게 : 분노나 슬픔보다는 기쁨을 표현하는 게 더 쉽겠죠? 아무래도 좋은 기분은 밖으로 드러내기 쉬울 테니까요. 그런데 감정을 두고 어떤 게 더 좋고 어떤 게 더 나쁘다는 식으로 말하기는 어렵습니다. 우리는 아이들

의 감정을 평가해서는 안 됩니다. 아이들에게 힘들거나 어려운 감정도 때론 필요하다고 말해 주세요. 다만, 화나거나 슬픈 감정을 표출하지 않고 계속 참으면 마음의 병이 될 수 있으므로 그때그때 자신의 기분을 표현하라고 말하세요. 사람마다 다 달라서 누구는 이럴 때 슬프거나 화가 나고, 누구는 저럴 때 기쁘거나 행복합니다. 서로의 감정을 솔직하게 털어놓으면 상대방을 더 잘 이해할 수 있겠죠? 젠더의 함정에서 〈눈물 뚝! 남자는 안 울어〉, 〈슬픔은 분노가 되고, 분노는 슬픔이 되고〉(5장)를 읽어 보세요.

교사 : 여자아이들끼리 놀 때는 괜찮았는데, 가브리엘이 놀이에 끼어드니까 엉망이 되고 말았어요. 이 얘기를 가브리엘 부모님에게 어떻게 전해야 할까요?

일반적으로 남자아이들이 여자아이들보다 장난이 심하죠? 놀이를 방해하거나 친구들을 괴롭힌다고 주의도 많이 받고요. 남자아이들에게 긍정적인 역할을 할 수 있는 기회를 주세요. 대부분의 놀이들은 눈에 보이지 않는 규칙에 따라 진행되므로 새로운 아이가 참여하기 어려울 수 있습니다. 먼저 아이들의 행동을 면밀히 관찰해 놀이 규칙을 파악한 다음 다른 아이들과 동료 교사들에게 알려 주세요. 늘 같이 어울리는 아이들은 결속력이 강해 다른 아이들을 잘 받아들이지 않습니다. 이때는 교사가 나서서 다른 아이들과 함께 어울려 놀 기회를 만들어 주는 것이 좋습니다. 그리고 가브리엘이 놀이에서 긍정적인 역할을 맡을 수 있도록 도와주세요. 가브리엘의 부모님에게 그 애가 친구들과 잘 어울려 놀지 못한다는 이야기를 전하면서 이 문제를 해결하기 위해 선생님들이 노력하고 있다고 덧붙이세요.

부모에게 : 아이가 장난이 심하고 행동이 유난스러울 경우 선생님과 대화를 나누세요. 아이에게는 친구들과 함께 놀 수 있는 다양한 기회가 필요합니다. 이를 위해 부모가 어떻게 하면 좋을지 물어보세요. 젠더의 함정에서 〈사고뭉치 장난꾸러기〉, 〈다 같이 사이좋게 놀자〉(4장)를 읽어 보세요.

교사 : 학부모 참관수업을 할 때마다 한 반에 남자아이, 여자아이가 각각 몇 명이냐는 질문을 많이 받아요. 그럴 땐 뭐라고 대답해야 할까요?

대다수 부모들은 자기 아이랑 같은 성별의 아이들이 한 반에 있기를 바랍니다. 남자아이는 남자아이랑, 여자아이는 여자아이랑 주로 놀 거라고 생각해서죠. 동성 친구가 적거나 아예 없다면 같이 놀 친구가 없는 것 아니냐고 걱정합니다. 그런 부모들에게 아이들의 관계는 성별과 무관하며, 유치원에서는 모든 아이들이 친구가 될 수 있도록 교육하고 있다고 말하세요. 성별이 다르다는 이유로 차별받거나 소외되는 아이가 있으면 안 된다고요. 그리고 교사로서 어떤 활동을 하는지 구체적으로 알려 주세요. 또 아이들을 소그룹으로 나눌 때는 교육 전문가들의 방침을 따른다고 말하세요. 교육학적 목표 없이 단순히 여자아이와 남자아이로 나눠 그룹을 만드는 것은 문제가 될 수 있습니다. 아동과 청소년을 보호하는 법에 따르면 차별 행위에 속합니다. 성평등과 관련한 도서, 논문, 자료 등을 모아서 부모들에게 보여 주세요. 성평등 교육이 뭔지 알면 부모들도 달라질 겁니다.

부모에게 : 같은 유치원에 다니는 여자아이, 남자아이 숫자가 궁금하세요? 그게 왜 궁금하고 중요한지 솔직히 모르겠습니다. 여자아이가 더 많으면 어떻고 적으면 또 어떻습니까? 아이들을 어떤 식으로 나눠야 불만이 없을까요? 부모로서 아이에게 어떤 이야기를 들려줄까 고민한다면, 젠더의 함정에서 〈와우, 참 예쁘구나!〉(2장)를 읽어 보세요.

교사 : 성평등 교육을 통해 아이들이 무엇을 얻을 수 있는지, 말로는 표현하기 힘들어요.

성평등 교육을 실천할 경우, 무엇보다 유치원 분위기가 한결 자유로워집니다. 보통 아이들과 어른들은 젠더 프레임에 부합하기 위해 스스로나 다른 사람을 바꾸려 애를 씁니다. 그 큰 에너지를 다

남자, 5세
축구광이다
여자, 6세
고기를 잘 먹는다
남자, 3세
그늘진 곳을 즐겨 찾는다
여자, 5세
조몰락거리는 놀이를
좋아한다
여자, 4세
장난이 심하다

른 데 쏟아 붓는다면 어떨까요? 예를 들어 창조력을 키우는 데 말이죠.

심리적 안정감과 만족감은 자존감을 높여 주며, 다른 사람의 시선을 의식하지 않게 만듭니다. 다름과 다양성은 긍정적 의미를 지니게 되겠죠? 더 많은 아이들이 자신의 자리를 찾고 의지를 표현하며, 갈등이 어떻게 민주적인 방법으로 해결될 수 있는지 이해할 겁니다. 처음에는 두세 명도 아닌 열다섯 명이 갑자기 자신을 존중해 달라고 요구해서 혼란스러울 수 있으나, 시간이 갈수록 모든 아이들에게 바람직한 환경을 제공할 수 있을 겁니다. 성평등 유치원은 아이들과 선생님 모두에게 즐거운 경험을 선사합니다. 이곳은 아이들에게 편견 없는 놀이터이자 올바른 가치관을 배울 수 있는 기회의 공간입니다.

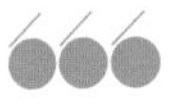

부모의 바람_ 궁금할 때는 직접 물어보세요

유치원의 교육 정책을 이해하지 못하는 부모들이 있는 것처럼 교사들 중에도 여자아이들은 여자다워야 하고 남자아이들은 남자다워야 한다고 생각하는 이들이 있다. 그들은 이것이 성차별적인 고정관념이라 생각지 않는다. 부모라면 자신의 아이가 성별이 아닌 한 사람의 인격체로 대우받길 원할 것이다. 다음에 소개하는 부모들의 질문을 보면서 유치원 교사들이 할 일이 뭔지 고민해 보자.

"유치원에서 일어나는 일들에 대해 말하는 게 어려워요. 저는 라스무스가 성별 고정관념에서 벗어나 그냥 한 아이로 보였으면 하는데, 이 얘기를 어떻게 전해야 할까요?"

– 산나, 2세 아동의 부모

"전 딸아이가 그린 그림을 받지 못했어요. 나중에 알았는데, 저 혼자만 못 받았더라고요. 딸이 유치원에서 어떤 활동을 했는지, 엄마에게 알려 줘야 하는 것 아니에요?"

– 니콜라스, 3세 아동의 부모

"평등 교육에 관해 물었더니 '계획안이 있긴 한데 아이들을 돌봐야 해서 당장은 여력이 없어요.' 하더군요. 영혼 없는 답변 같아서 마음이 무겁고 슬펐어요."

– 조오지, 3세 아동의 부모

부모 : 제 딸이 다니는 유치원에는 인형과 전자레인지가 놓인 방, 레고와 자동차가 놓인 방이 있어요. 제가 갈 때마다 여자애들은 늘 인형이 놓인 방에 모여 있어요.

대다수 유치원들은 방의 일부나 전체를 아이들이 재밌게 놀 수 있는 환경으로 꾸밉니다. 그 과정에서 무의식적으로 공간을 여성적 또는 남성적 장난감으로 구분하기도 합니다. 전통적 관점에서 아이들을 바라보는 것이지요. 가구나 장난감을 어떻게 배치할 것인지 유치원 선생님들에게 물어보세요. 또 아이들이 어떤 놀이를 하는지, 아이들의 능력과 역할을 다양하게 발전시키기 위해 어떤 교육을 실천하는지도 물어보세요.

교사에게 : 유치원에서 여자아이와 남자아이들이 장난감과 공간을 어떻게 사용하나요? 아이들이 노는 모습을 관찰해서 놀이 패턴을 파악한 다음 다른 선생님들과 이 내용을 공유하세요. 우리가 전통적으로 여자용,

남자용이라 생각하는 장난감들을 섞어 놓으세요. 다양한 공구들과 조립 부품들을 여러 방에 나눠 놓은 뒤 아이들의 놀이에 어떤 변화가 생기는지 살펴보세요. 집 한쪽에 낡고 망가진 전기 믹서, 전화기, 공구함 등을 두면 아이들은 음식을 만드는 흉내를 내거나 새로운 물건을 발명하기도 합니다. 기본적인 방 꾸미기 외에 다른 분위기도 연출해 보세요. 예를 들어 수족관, 우주 공간, 온실 같은 작은 세계를 만들면 아이들이 좋아하겠죠? 또 빨간 방, 초록 방, 파란 방 등 방마다 색깔을 달리한 뒤 장난감들을 진열할 수도 있습니다. 젠더의 함정에서 〈여자아이 방, 남자아이 방〉(1장)을 읽어 보세요.

부모 : 유치원 선생님이 제 딸을 보더니 "와우, 옷이 참 예쁘구나!"라고 했어요. 이럴 때 저는 뭐라고 해야 할까요?

물방울무늬나 줄무늬, 빛깔 등 옷의 다른 특징을 부각시키세요. 아니면 아이가 아침에 일어나 뭘 했는지, 유치원에 오면서 뭘 봤는지 이야기할 수도 있겠죠. 이런 식으로 아이의 외모에 맞춰진 대화의 초점을 자연스럽게 다른 데로 돌리세요. 그리고 아이가 옆에 없을 때 유치원 선생님과 대화를 나눠 보세요. 옷차림이나 머리 모양 같은 외모로 아이를 평가하는 것에 대해 어떻게 생각하는지 물어보세요. 또 아이들을 대할 때, 선생님들이 정해 놓은 공통의 기준이 있는지도 물어보세요. 아이들 개개인은 독립된 인격체이며 그 아이가 어떤 옷을 입었는지는 중요치 않다고, 당신의 의견을 전달하세요. 더 많은 부모들이 의견을 낼 수 있도록 학부모 회의 때 옷차림을 안건으로 올리는 것도 생각해 보세요.

교사에게 : 아이들에게 확신은 강한 추진력을 불러옵니다. 옷차림으로 자신을 멋지게 포장할 수 있다는 확신을 가진 아이들도 있습니다. 당신과 당신의 동료들은 여자아이와 남자아이의 옷과 외모에 대해 어떤 생각을 갖고 있나요? 그것이 아이들을 대할 때 어떤 영향을 미치나요? 또 아이들 개개인은 당신에게 어떤 의미로 다가오나요? 젠더의 함정에서 〈꽃무늬는 여자 옷이야〉(2장)를 읽어 보세요.

부모 : 선생님이 남자아이들은 서로 싸우고 총싸움 같은 놀이를 하는 게 당연하다고 하는데, 정말 그럴까요? 이럴 때는 어떻게 해야 하나요?

먼저 어떤 의미로 말했는지, 또 어떤 근거로 그렇게 생각하는지 선생님에게 물어보세요. '당연하다.', '남자라서 그런 거다.' 같은 말은 생물학적 요인이므로 어쩔 수 없다는 거겠죠? 생물학적 남녀의 성 개념은 빠르게 높아지는 성평등 의식을 방해하는 요소입니다. 아이의 선생님은 남자아이와 여자아이가 자신의 세계관과 일치하는 상황들만 이해한다고 믿는 것 같습니다. 아이를 애타게 기다리는 부모 눈에는 모든 게 유모차처럼 보일 겁니다. 마찬가지로 그 선생님 눈에는 다른 놀이를 하려는 아이들보다 싸움에 열중하는 남자아이들만 보이나 봅니다. 편협한 생각에 사로잡혀 있는 것이죠.

교사에게 : 개인적으로 성별에 따라 아이의 성향이나 능력이 다르다는 생각을 가질 수는 있습니다. 하지만 교육 전문가로서 아이를 대하는 자세가 중요하겠죠. 남자아이다움과 여자아이다움, 남성다움과 여성다움이라고 생각되는 것들에 대해 유치원 동료들과 토론해 보세요. 스스로의 평가와 생각을 밝힘으로써 자기 자신의 관점과 경험들을 보다 더 면밀히 들여다볼 수 있을 겁니다. 여러분의 관점에서 여자아이답지 못하거나 남자아이답지 못한 사례를 찾아보세요. 어쩌면 남자아이들은 서로의 행동을 통해 젓가락으로 총싸움하는 방법을 배우는지도 모릅니다. 아이들의 행동은 대개 놀이와 관계있습니다. 어떤 놀이를 어떻게 시작하는지 알면 아이들이 왜 그렇게 행동하는지 이해할 수 있을 겁니다. 젠더의 함정에서 〈아는 놀이가 이것뿐이니?〉(1장)를 읽어 보세요.

부모 : 아이들이 부르는 노래를 들어 봤더니 거의 다 남자아이들과 관련된 내용이었어요. 이 점에 대해 선생님에게 뭔가를 얘기하고 싶은데, 솔직히 무슨 말을 해야 할지 모르겠어요.

이렇게 한번 말해 보세요. 아이가 노래 부르기를 좋아해서 유치원에서도 노래하는 시간만 기다린다고요. 그런 다음 거의 모든 노래들이 남자아이들한테 초점이 맞춰져 있는데, 선생님들도 그 사실을 아는지 물어보세요. 아마 대부분의 선생님들은 몰랐다고 반응할 겁니다. 많은 동화책들이 그러한 것처럼 많은 노래들 역시 남자아이들, 수컷들 그리고 남성들과 관련 있습니다. 우리는 그걸 미처 깨닫지 못하고 아이들에게 가르칩니다.

교사에게 : 아이들이 부르는 노래들을 어떻게 생각하나요? 그 노래들은 무엇을 다루고 있나요? 여자아이, 남자아이 모두가 공감할 수 있는 노래를 찾아보세요. 평등한 내용을 담아 새로운 노래를 만드는 것도 괜찮겠죠. 동물들이 나오는 노래의 경우 성별이 드러나지 않고 친구나 동물 이름을 말할 수 있어 좋습니다.

"개굴개굴 개구리 노래를 한다. 아들 손자 며느리 다 모여서…."

"곰 세 마리가 한집에 있어. 아빠 곰, 엄마 곰, 애기 곰."

또 '엄마'라는 가사를 '아빠'로 바꿔 부를 수도 있습니다.

"아기 돼지 바깥으로 나가자고 꿀꿀꿀. 아빠 돼지 비가 와서 안 된다고 꿀꿀꿀."

젠더의 함정에서 〈옛날 옛적에〉(1장)를 읽어 보세요.

부모 : 아이를 데리러 갔을 때 선생님이 여자아이들은 안에, 남자아이들은 밖에 있으라고 말하는 걸 들었어요. 이럴 때는 어떻게 해야 할까요?

아이들이 성별로 나뉘어 노는 모습을 자연스러운 현상으로 바라보는 시선이 많습니다. 그래선지 선생님들도 무의식적으로 아이들을 남녀로 분리시키곤 합니다. 이 경우 선생님에게 이렇게 질문해 보세요. "아, 오늘은 놀이 그룹을 성별로 나누어 활동했나 봐요?" 그러면서 이렇게 남녀 아이를 구분하는 배경에 어떤 교육학적 의미가 있냐고 물어봐도 좋습니다. 전문적인 교육 활동의 하나로 선생님들은 새로운 놀이를 시험해 보거나 새 놀이 집단에 들어가 다른 친구들과 어울리도록 아이를 격려하기도 합니다. 만일 우리가 여자아이들은 여자아이들끼리만, 남자아이들은 남자아이들끼리만 놀도록 허용한다면 그 아이들은 이성 친구를 사귈 기회를 잃어버리게 됩니다.

교사에게 : 아이들을 여자아이, 남자아이로 호명할 경우 어떤 일이 벌어지나요? 그리고 이것은 아이와 부모에게 어떤 신호를 보내나요? 여자아이들과 남자아이들이 따로따로 노는 것은 어쩌다 한 번 있는 일인가요, 아니면 되풀이되는 일인가요? 평소 아이들이 동성 친구들과 많이 논다면 이성 친구들과 어울릴 수 있는 환경을 만들어 주세요. 젠더의 함정에서 〈남자애들은 이쪽이야!〉(4장)를 읽어 보세요.

우리는
다 친구야!

부모 : 제 두 아이가 놀다가 옷을 홀딱 벗었는데, 선생님이 무척 화를 냈대요. 이럴 때 저는 뭐라고 말해야 할까요?

어쩌면 유치원 선생님의 분노는 두려움이나 당혹감에서 비롯된 것인지도 모릅니다. 알몸은 주로 섹슈얼리티와 관련 있으나, 아이들한테는 거의 해당되지 않습니다. 그런데 부모와 교사들 중에는 아이들이 알몸으로 있으면 안 된다고 생각하는 이들이 있습니다. 어린 아이들이 벌거벗은 몸을 부끄러워해야 할까요? 이 점에 대해 선생님과 이야기를 나누어 보세요. 신체 일부분이나 알몸은 창피한 게 아님을 아이들에게 어떤 식으로 알려 줄 수 있을까요? 자기 몸을 긍정적으로 바라보는 것은 자존감을 높이는 데 도움이 됩니다.

교사에게 : 어린아이의 알몸을 봤을 때 어떤 생각이 드나요? 아마 이러한 주제로 토의를 하면 격렬한 논쟁이 벌어질 겁니다. 우리는 아이들에게 자신의 몸을 긍정적으로 받아들이는 법을 가르쳐야 합니다. 아이들은 손, 발 등 자신의 몸을 장난감 삼아 놀기도 합니다. 그럼, 음경이나 음순도 다른 신체 부위와 똑같은 규칙이 적용될까요? 아이들에게 누가 자신의 몸을 만져도 되는지, 또 어떤 방식으로 만져도 되는지를 정하는 사람은 바로 자기 자신임을 알려 주세요. 네 몸의 주인은 너 자신이라고요! 부모들에게 교사로서 아이의 몸에 대해 어떻게 생각하는지, 또 왜 그렇게 생각하는지 분명하게 말하세요. 그러면 부모들도 교사를 신뢰할 수 있을 겁니다. 젠더

의 함정에서 〈다리 사이에 뭐가 있니?〉, 〈괜찮아, 자연스런 행동이야〉(6장)를 읽어 보세요.

부모 : 아빠도 부모인데, 아이가 아프면 유치원에서 늘 엄마인 제게 연락해요. 왜 그럴까요?

일반적으로 유치원 학부모 명단을 보면 거의 엄마 연락처가 적혀 있습니다. 아무래도 아이들의 주 양육자는 엄마라는 인식이 몇 배는 더 깊기 때문일 겁니다. 아이들을 책임지고 돌보는 사람은 대개 엄마라는 것이지요. 선생님에게 "아이의 부모로서 우리는 똑같이 책임을 지고 싶어요."라고 말하세요. 그러면서 아이가 아플 때 번갈아가면서, 즉 한 번은 엄마에게 또 한 번은 아빠에게 연락해 달라고 요구하세요.

교사에게 : 긴급할 때 사용하는 학부모 연락처가 있나요? 엄마들의 연락처 위주로 작성된 비상 연락처인가요? 그런데 꼭 아이의 부모만 해당되어야 할지는 의문입니다. 엄마와 아빠 전화번호 대신 보호자 전화번호로 교체하면 안 될까요? 그러면 가족 구성원 모두가 가능할 텐데요. 아이에게 무슨 일이 생겼을 때는 엄마, 아빠 모두에게 연락하는 것이 좋습니다. 유치원 근처에 있는 가족에게 연락하는 것도 한 방법이겠죠? 유치원 정보나

아이의 활동 결과물(만들기와 그리기 작품 등)은 부모가 동등하게 받아야 합니다. 부모를 평등하게 대우하는 것 역시 평등 교육의 일부입니다.

부모 : 유치원 서류를 작성하려고 보니 '엄마', '아빠'라고 적혀 있더군요. 저는 '아빠'라는 글자를 지우고 '엄마'를 써넣었어요. 우리 가족은 엄마가 둘이거든요. 이 얘기를 유치원에 어떻게 하죠?

대부분의 유치원은 아이들의 가족 형태가 대개 엄마, 아빠, 아이로 구성된 핵가족이라 여깁니다. 다른 가족 형태가 있다는 사실은 그리 중요치 않으며, 유치원 차원에서 그들을 배려할 필요가 없다고 생각합니다. 유치원 운영자나 선생님에게 핵가족 말고도 다른 유형의 가족이 있다고 간단하게 말하세요. 그 가족들도 유치원이 끌어안아야 한다고요. 핵가족과 다른 형태의 가족도 많다는 점을 강조하세요. 유치원 입학 원서나 자료, 노래, 책 등을 살펴본 다음 다른 가족 형태도 포함될 수 있도록 유치원에 요청하세요.

교사에게 : 아이들에게 이 사회에는 한부모 가족, 다문화 가족, 동거 가족 등 다양한 가족 형태가 존재한다는 사실을 알려 주세요. 자신의 가족 형태와 다르다고 해서 틀린 게 아니라고요. 이렇게 함으로써 아이들은 다름을 존중하는 마음을 갖게 되고, 일반적인 가족 형태가 아닌 아이들도 당

당하게 자신의 가족 관계를 밝힐 수 있습니다. 또 엄마, 아빠 대신 보호자라는 단어를 사용하세요. 이런 일들은 아주 간단하며, 그리 힘들지도 않습니다. 유치원은 서류 양식이나 교육 내용에 변화를 줘야 하며, 다른 형태의 가족들이 존재한다는 사실을 아이들에게 보여 줘야 합니다. 아이들에게 가족은 세상에서 가장 소중한 존재이며, 모든 가족은 똑같은 가치를 지닙니다. 그렇기 때문에 유치원은 핵가족이 아닌 가족들도 배척하거나 무시해서는 안 됩니다. 그들도 아이의 보호자로서 당당히 존재감을 드러낼 수 있는 자격이 있으니까요. 사회의 다양성을 포용할 수 있는 방법으로는 독서만 한 게 없습니다. 책 안에 명쾌한 방법들이 있습니다. 젠더의 함정에서 〈옛날 옛적에〉(1장), 〈엄마 집, 아빠 집〉, 〈핵가족은 정상, 나머지는 비정상?〉(3장)를 읽어 보세요.

부모 : 유치원에서 성평등 교육을 실천할 여력이 없다고 해요. 이럴 때는 어떻게 해야 할까요?

모든 교육은 무의식적으로든 의식적으로든 가치 평가(가치판단)를 기반으로 이루어집니다. 그런데 교육에 젠더 관점이 결여돼 있으면 문제가 생깁니다. 유치원 선생님에게 성중립적 표현에 대해 물어보세요. 의문이 생길 때는 직접 물어보는 게 가장 좋습니다. 그리고 유치원 원장에게 선생님들이 평등 교육을 하고 싶어도 여건이 안 되어서 못 하고 있다고 말하세요. 그런 다음 선생님들이 성평등을 지향하는 교육법을 잘 지킬 수 있도록 시간 등의 지원을 해 달라고 부탁하세요.

교사에게 : 젠더(성)와 평등을 따로따로 분리해서 보지 말고 모든 활동에 해당되는 개념으로 이해하세요. 처음부터 잘하는 사람은 없습니다. 주별 계획을 세우는 것에서 시작해 차츰차츰 범위를 넓혀 가세요. 평등과 관련된 분야 중에서 간단하게 실천할 수 있는 것을 선택해 아이들 교육에 적용시켜 보세요. 또 책이나 노래처럼 놀이할 때 쓰이는 도구들을 꼼꼼히 살펴보세요. 여자아이와 남자아이, 남성과 여성이 어떻게 묘사돼 있나요? 그런 다음 동료 교사들이 아이들을 대할 때 어떤 단어들을 사용하는지, 아이의 어떤 면에 주목하는지 관찰해 보세요. 아이들이 노는 모습도 주의 깊게 살펴보세요. 등잔 밑이 어둡다고 매일 같은 업무를 반복하는 교사들 눈에는 잘 띄지 않을 수도 있으므로 다른 유치원의 교사, 젠더 교육자, 평등 관련 상담자 등을 초청해 유치원에서 일어나는 일들을 살펴보게 하는 것도 좋습니다. 우리의 일상에는 불평등이 존재함에도 불구하고 일상에서 불평등한 점을 찾아내는 일은 어렵습니다. 하지만 머지않아 평등에 대한 사고는 언어 발달과 환경을 다루는 일처럼 당연한 부분으로 받아들여질 겁니다.

부모 : 부모로서 젠더와 평등에 대해 의견을 제시할 수 있을까요? 혹여 제 아이들에게 피해가 갈까 봐 두렵습니다.

대부분의 선생님들은 부모는 부모고, 아이는 아이라고 생각합니다. 부모가 한마디 했다고 아이한테 눈 흘기는 일은 거의 없으니까 안심하세요. 교육 전문가잖아요. 쉽지 않겠지만 젠더와 평등에 대한 생각을 솔직 담백하게, 직설적으로 표현해 보세요. 그 첫 단계로 다른 부모들과 얘기해 보는 건 어떨까요? 분명 평등 교육에 찬성하는 부모들이 여럿 있을 겁니다. 다음 단계는 부모들이 뜻을 모아 그 문제를 수면 위로 끌어올리는 것이겠죠? 아이들과 관련된 성평등 이야기를 다룬 책을 선생님에게 선물하는 것도 좋은 방법입니다. 이러한 주제가 담긴 책들은 많으며, 아마 대부분의 선생님들은 책을 받고 기뻐할 겁니다. 또한 학부모 모임에서 주도권을 잡고 젠더와 평등에 대해 이야기해 보세요. 기발한 아이디어나 지식을 얻기 위해 외부 강연자를 초대하자고 제안하세요. 유치원 활동 계획과 성평등 정책에 대해서도 물어보고, 학부모 모임에서 그 내용을 꼼꼼히 살펴보세요. 유치원 원장과 만나서 아이들이 남녀 구분 없이 놀이나 활동을 했으면 좋겠다고 말한 다음, 유치원에서 어떤 식으로 평등 교육을 실천할지 물어보세요.

교사에게 : 교사들의 가르침에 대해 관심을 갖고 자신의 의견을 표명하는

부모들이 있습니다. 그들의 의견에 귀 기울여 보세요. 유치원 교사와 부모들은 서로 협조해야 하는 관계이나, 아이를 맡기는 부모들로서는 하고 싶은 말이 있어도 입을 다무는 경우가 많습니다. 그들은 괜히 불편한 질문을 했다가 자신의 아이가 구박이나 불이익을 받을까 봐 두려워합니다. 그러니 교사들이 먼저 허심탄회하게 의견을 나누는 자리를 만들어 보세요. 당신이 전문가임을 보여 주세요. 부모도, 아이도 유치원에 적응하는 기간이 필요합니다. 그 때 부모들에게 궁금하거나 제안하고 싶은 사항이 있으면 그게 뭐든 얘기해 달라고 하세요. 기꺼이 들을 준비가 되어 있다고요. 자신의 아이를 위해 그리고 평등 교육을 위해 자신의 의견을 내는 부모들은 어찌 보면 유치원과 아이들에게 고마운 존재입니다.

■ 스웨덴에서는 사립 유치원이나 가정탁아 모두 지방자치단체가 정한 법을 준수해야 한다. 그에 따라 적극적으로 평등권이나 동등한 대우를 보장해야 한다.
– 스웨덴 교육청

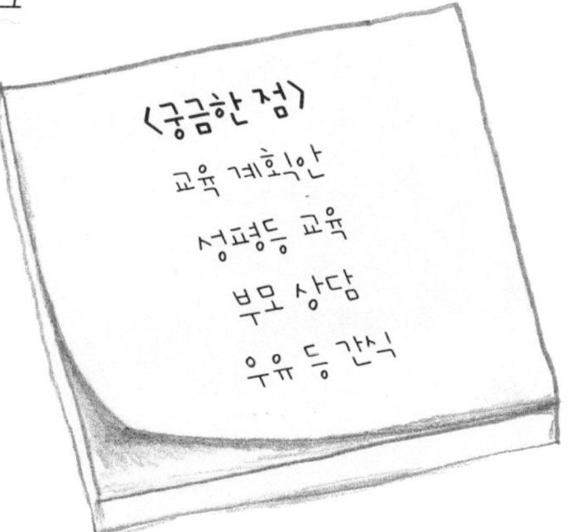

Key Point

평등한 유치원

평등한 유치원에서는 모든 아이들이 동등한 존중을 받는다. 아이들은 놀이 등을 통해 다양한 롤모델을 소개받을 수 있어야 한다. 모든 아이들은 자기 자신의 한계가 어디까지인지, 또 좋고 싫은 게 무엇인지 알아볼 수 있는 방법을 배워야 한다. 평등한 유치원에서는 모든 아이들이 있는 그대로의 자기 모습을 아끼고 사랑한다. 아이들은 서로를 이해하고 존중할 수 있어야 한다. 어떤 아이라도 다른 사람의 사랑을 받기 위해 타협할 필요가 없다. 아이들은 자신이 바라는 대로 존재할 수 있으며, 자신이 원하는 것을 좋아할 수 있다. 모든 아이들이 같은 가치를 지닌다면 정상과 비정상의 개념은 존재하지 않을 것이다.

8장

성평등을 위한 우리의 노력

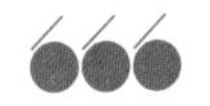

젠더 프레임 밖으로

이 책에서 우리는 장난이 심한 아이, 외모 가꾸기에 관심 많은 아이 등을 바라보는 시선에 대해 이야기하였다. 또 아이들 성별에 따라 다른 언어를 사용하거나 감정 표현을 달리하거나 활동을 제한하는 등의 차별에 대해서도 논하였다. 젠더의 함정과 난점을 보여 주려 한 것이다.

우리는 평등의 가치를 널리 퍼뜨리기 위한 첫걸음으로 평등을 이해하고 평등이 아이들에게 어떠한 결과를 초래하는지 살펴봐야 한다.

■ 양성 프레임 = 남성 또는 여성의 정의에 부합하는 아이디어로 구성된 두 가지 프레임

일상에서 어른들은 아주 간단한 방법으로 아이들의 가능성을 몇 배는 더 키워 줄 수 있다. 이 책의 조언에 귀 기울인다면 말이다. 우리 사회에 만연해 있는 젠더 프레임에서 벗어나려 하거나 편견에 도전하는 아이들에게 이 내용이 도움이 될 거라 믿는다.

젠더의 함정과 마찬가지로 젠더 프레임 역시 아이들 옷부터 몸짓 언어, 직업, 심지어 친구를 선택하는 기준에 이르기까지 폭넓게 영향을 미치고 있다. 그 결과 여자아이들은 여성적인 젠더 프레임이

일러 주는 대로, 또 남자아이들은 남성적인 젠더 프레임이 일러 주는 대로만 행동한다. 대부분은 이 프레임에 갇혀 옴짝달싹 못 하는 모양새다. 종종 이러한 프레임은 너무나 당연하게 받아들여져 변화를 얘기할 수 없게 만든다.

남성, 여성이라는 프레임은 누가 만든 건가요?

아무리 옳아도 강요해서는 안 된다

우리는 젠더 프레임에서 조금이라도 벗어나 있는 아이를 보면 바로 제자리로 돌려놓아야 한다는 생각에 사로잡힌다. 이러한 교정은 공개적으로 또는 아주 교묘하게 이루어진다. 예를 들어 드레스를 입은 남자아이가 있다. 이 경우 사람들은 그 아이를 거들떠보지도 않는데, 마치 투명인간이라도 된 듯이 대한다. 이렇게 외면함으로써 그 아이를 변화시킬 수 있다고 여긴다. 그 남자아이는 주변 반응을 의식하고 자신의 잘못을 깨닫는다.

어른들은 정색하며 단호하게 "남자애들은 드레스 입으면 안 돼!"라고 하거나 농담처럼 "너 지금 여자 분장한 거야?"라고 말한다. 심지어 아이를 위협하는 목소리도 있다. "너 게이니? 손 좀 봐 줘야겠네." 이러한 교정은 대개 부모나 주변 어른들, 형제자매, 친구를 통해 이루어지며 책과 영화 등의 도움을 받기도 한다. 아주 어린 아이들조차 젠더 프레임으로부터 자유로울 수 없는 게 현실이다.

여자들은 늘 뒤에서 남을 헐뜯어.

대부분의 아이들은 젠더 프레임 안

에 머물러야 주변 사람들의 기대를 충족시키고 긍정적인 평가를 받을 수 있다고 확신한다. 프레임 안으로 순순히 들어간 아이들은 오히려 행동과 마음이 편안해지기도 한다. 어떠어떠한 사람이 되어야 하고 어떻게 행동해야 하는지가 이미 정해져 있기 때문이다. 교정과 긍정적인 평가를 통해 젠더 프레임은 여러 세대에 걸쳐 영향력을 미쳤고, 우리는 그것의 일부를 문화와 전통이라 부르며 수용해 왔다. 따라서 우리가 평등을 촉구한다는 이유로 아이들을 교정하거나 그 아이들이 서로를 교정할 때는 각별한 주의가 필요하다.

남자애들은 다 그래.

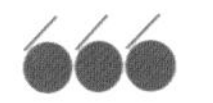

남자가 더 우월하다는 편견

꽤 오랫동안 우리는 남성성이 여성성보다 우월하다는 논리를 받아들였다. 전통적으로 남자다운 특질과 행동들은 여자다운 특질과 행동보다 더 높은 평가를 받았다. 여자아이와 여성들이 남성성을 드러낼 경우 대부분의 사람들은 긍정적으로 반응했고, 이들의 사회적 지위가 상승할 거라고 판단했다.

반면 남성적인 젠더 프레임에서 벗어나 전통적인 여성성을 드러내는 남자아이와 남성들은 철저히 무시당하고 외면받았다. 그들은 오히려 여자처럼 연약하다는 비웃음을 사야 했다.

우리 문화 전반에는 전통적인 남성성이 전통적인 여성성보다 훨씬 더 가치 있다는 생각이 강하게 박혀 있다. 평등 추구란 일상생활이나 사회생활에서 심심찮게 발생하는 남녀 권력의 불균형에 이의를 제기하고 이를 변화시키는 것을 말한다.

진정한 평등이란

누가 누구를 좋아하고 사랑하는 것도 젠더 프레임 안에서만 가능하다. 사랑의 대상이 이미 정해져 있는 것이다. 누군가가 이 프레임을 거스를 경우 따가운 눈초리와 손가락질이 따라온다. 여자아이가 남자아이를 또는 남자아이가 여자아이를 마음에 두거나 사랑하는 게 일반적인 정서다. 다시 말해 이성애가 표준이고 올바른 행위라 여긴다. 여기에 반기를 들고 동성애를 선택한 사람들은 호모포비아의 희생양이 될 수도 있다.

모든 사람들이 이성애자라는 생각은 여성과 남성은 서로의 반대쪽에 서 있는 사람이고, 여성성과 남성성은 서로를 보완해 주며, 둘이 함께할 때 온전해진다는 사상에 기초하고 있다. 이 같은 사고방식은 종종 평등을 숫자와 관련된 문제로 축소시켜 버린다. 직장이나 이사회에 속한 여성의 비율이 남성과 같으면 평등이 실현되었다고 여기는 것이다.

우리 회사는 남녀가 평등해요. 남자 임원이 셋인데, 여자 임원도 셋이거든요.

과연 여성과 남성의 수가 똑같은 그룹을 보고 진정한 평등이 이루어졌다고 장담할 수 있을까? 어쩌면 그 안에서는 남성의 목소리만 들리고 남성의 제안만이 지지를 받을지도 모른다. 이것은 평등이 아니다.

마찬가지로 유치원에서 여자아이들이 전통적으로 남자들이 해오던 일들, 예를 들어 축구를 하거나 구멍을 뚫거나 나무를 다듬는다고 해서 평등이 실현되었다고 말하기는 어렵다.

평등을 이루려면 남성과 여성은 정반대이며 서로를 보완해 주는 역할이라는 생각에 이의를 제기해야 한다. 성별과 무관하게 개개인은 서로를 보완해 줄 수 있다고 보는 데서 평등은 시작된다.

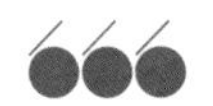

우리가 꿈꾸는 세상

어떤 사람들은 젠더 프레임이 여성과 남성의 생물학적 차이에서 비롯되었다고 주장한다. 그렇다면 왜 우리는 긴 시간을 들여 아이들을 여자답게, 남자답게 가르치려고 애를 쓰는 걸까? 또한 여성적, 남성적이라고 여겨지는 특성들이 왜 세월에 따라 변하는 걸까?

사람들은 저마다 다른 특질을 가지고 있다. 어떤 사람은 피부가 검고 어떤 사람은 희다. 또 어떤 사람은 키가 크고 어떤 사람은 작다. 그리고 신중하거나 단호하거나 즐거워하거나 슬퍼하거나 무책임하거나 분노하거나 착한 사람들도 있다. 이렇게 서로 다른 특질들을 여자아이 같다, 남자아이 같다는 식으로 간단히 나눌 수 있을까? 무 자르듯이 남성다움, 여성다움을 구분하기는 사실상 거의 불가능하다.

또한 어떤 사람들은 역사적 사실에 기인해 남성과 여성은 항상 달랐다고 주장한다. 그렇지만 역사는 항상 우리가 속한 문화와 자신의 경험을 바탕으로 해석되는 경향이 있다. 예를 들어 옛 역사가들은 여성들도 사냥을 했다는 사실을 간과했다. 그들은 여성들의 무덤에서 발견한 무기를 선물로 해석했다.

우리는 동물의 습성을 이해할 때도 자신만의 문화적 색안경을 쓰고 바라본다. 그 사례들 중 하나가 대다수 동물들은 이성애적 성향을 지녔다는 주장이다. 하지만 이 주장은 최근 들어 힘을 잃어 가고 있는데, 의문을 제기하는 사람들이 점점 더 늘고 있기 때문이다.

자연과 역사는 우리의 생각보다 몇 배는 더 다양하다. 우리는 생물학적 차이를 들먹이며 여자아이, 남자아이, 여성, 중성, 남성을 차별하는 게 정당하다고 주장하지만, 사실 이것은 무의미하다. 설령 우리가 유전적으로 얼간이라 해도 세금을 제때 내지 않으면 법의 제재를 받는다. 또 과속하다가 경찰한테 걸리면 이유 불문하고 딱지를 뗀다. 우리가 생물학적으로 그런 경향을 지녔다고 주장할 수는 없다.

남자아이들 모두가 울퉁불퉁한 근육을 가진 것은 아니다. 어떤 아이는 작고 날씬하며, 어떤 아이는 크고 토실토실하다. 또 여자아이들 모두가 예쁘고 착한 것은 아니다. 어떤 아이

네 목소리는 너무 커.
여자답지 않아.

내 목소리가
어때서?

는 자기주장이 강하고 다혈질이며, 어떤 아이는 조심스럽고 순종적이다. 이 같은 명백한 변이에도 불구하고 많은 사람들은 영역 밖에 위치한 아이를 고집스레 '비정상'이라 부른다. 남자애 같은 여자아이, '자기 세계'에 빠진 아이라고도 한다.

어른이 되어 젠더 프레임 밖으로 나갈 경우에도 사정은 크게 달라지지 않는다. 비여성적, 비남성적이라는 소리를 듣기 일쑤고 남자 같은 여자 또는 여자 같은 남자로 불린다. 만일 우리가 다양성을 존중해서 아이들을 강제로 서로 다른 프레임에 집어넣으려는 고집을 버린다면 어떻게 될까? 아마도 여자아이 그룹과 남자아이 그룹 안의 다양성이 나날이 커져 여자아이와 남자아이의 차이를 훌쩍 뛰어넘을지도 모른다. 적어도 성별 차이에 다양성이 묻히는 일은 없을 것이다.

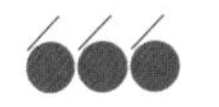

세 가지의 선택적 전략

"아이에게 '곰돌이 푸'를 읽어 줄 때 전 티거와 아울을 여자로 묘사해요. 이 이야기에 나오는 동물 캐릭터들은 거의 남자잖아요."

- 모세스, 3세 아동의 부모

"제 딸은 댄스 수업을 받을 때 연분홍색 망사로 만든 무용복을 입어요. 전 딸에게 이 세상에서 제일 높이 뛴다고, 연분홍 옷을 입은 모습이 정말 멋지다고 말해 줘요."

- 오사, 5세 아동의 부모

"저는 딸아이가 귀여운 공주로 대접받는 걸 원치 않아요. 사람들은 왜 여자아이가 그걸 좋아한다고 생각할까요? 여자아이들한테도 자기 자신의 가치를 알고 강한 자신감을 얻고 싶은 욕구가 있어요. 모든 여자아이들이 예쁘다고 칭찬해 주거나 공주처럼 떠받들어 주기를 바라진 않아요. 그건 어른들 착각이고 편견이에요."

- 클라라, 4세 아동의 부모

이 책에서 우리는 더 큰 평등에 도달하기 위한 방법을 제시하면서 다음의 세 가지 전략을 사용하였다. 재구성하기, 새로운 내용 채우기, 빼 버리기 전략이다.

먼저 '재구성하기'는 여자인지 남자인지 불분명한 상황에서 사용하기 좋은 정량적 전략이다. 재구성하기는 평등을 향한 첫 번째 단계로, 노래와 이야기를 다시 짓는 일과 관련 있다. '남자'라는 단어를 '여자' 또는 '사람'으로 바꿀 경우 여자아이, 남자아이 그리고 성별이 정해지지 않은 인물이 주인공과 조연으로 등장할 수 있다.

'새로운 내용 채우기'는 시야를 넓혀 주는 전략으로, 여자아이와 남자아이는 어떤 존재이며 대체 무엇을 할 수 있을까 하는 관점과 관련 있다. 장난감과 옷, 감정 등에 새로운 의미와 평가를 부여함으로써 여성성과 남성성이 균형을 이룰 수 있다.

중성적인 옷과
장난감을 선택했더니
아이의 성별이
드러나지 않아요.

마지막으로 '빼 버리기'는 장난감, 책, 옷 등 젠더 프레임을 강화하는 것들을 없애는 전략이다. 젠더 프레임을 깨뜨리는 것들을 새로 담기보다 이 전략이 더 간단할지도 모른다. 또 그릇된 성 고정관념을 가지고 있는 것보다는 아예 가지고 있지 않는 게 아이의 발달에 더 낫다.

이렇게 다양한 전략들은 결합되어 서로 윈윈할 수 있다. 그럼, 어떤 전략을 선택하는 게 좋을까? 이것은 전적으로 성평등을 바라보는 인식과 아이가 처한 사회적 환경에 달려 있다.

일반적으로 우리는 아이가 표준으로 자리 잡은 젠더 프레임을 따르고, 그 프레임에 적응하기를 바란다. 이것은 아주 간단하면서 근시안적인 해결책이다. 그런데도 우리가 이렇게 하는 이유는 아이가 주변 어른들이나 다른 아이들에게 긍정적인 이미지로 다가갔으면 해서다. 젠더 함정의 까다로운 부분은 변화를 위해서는 적극적인 대응이 필요하다는 것이다. 그래서 함정인 줄 알면서도 젠더 프레임이 아이를 통제하도록 그냥 내버려 둔다.

아이들을 강제로 비좁은 프레임 안에 가둬 둔다면 유일무이한 개인으로 발전할 수 있는 가능성을 제한하는 것이나 마찬가지다. 자기만의 생각과 특징을 가진 아이들을 지지하는 일은 처음에는 어려울 수 있다. 그러나 결과를 놓고 보면 아무리 힘들어도 우리가 해야 할 일이다. 젠더 프레임에서 벗어난 아이들은 시간이 갈수록 더 큰 자신감과 안정감을 드러낼 것이다.

이 같은 전략들은 전혀 생각지 못했던 반응들과 마주하기도 한다. '빼 버리기' 전략이 '재구성하기'와 '새로운 내용 채우기' 전략보다 정치적 이데올로기를 더 잘 표현하고 있다고 여길 줄 누가 알았겠는가. 문제는 아이들에게 성역할 고정관념이 배어 있는 장난감을 주거나 그것을 제거한 옷을 주는 게 과연 정치적이냐 아니냐 하는 것이다. 솔직히 왜 성적으로 코드화돼 있는 것을 빼 버리는 게 논쟁거리가 되는지 모르겠다. 아이들의 건강을 위해 설탕이나 인공 첨가물을 뺀 음식을 준다고 해서 문제 삼는 사람은 없지 않는가.

세 개의 서로 다른 전략들은 세상의 모든 아이들이 평등을 누릴 수 있는 사회를 만드는 데 중요한 역할을 한다. 셋 중 무엇을 선택할지는 순전히 여러분의 의지에 달려 있다.

아이의 고정관념을 대화로 서서히 바꾼다

"아빠, 이리 와서 저희랑 호텔놀이해요. 아빠는 손님이고 저는 호텔 방을 청소할게요. 필립 넌 지배인이야."

"네가 지배인 해도 되잖아. 필립은 이제 겨우 두 살인걸."

"안 돼요. 전 여자라서 지배인이 될 수 없어요."

때로는 아이들에게 똑같은 기회를 주고 싶어도 아이 본인이 거부하는 경우가 있다. 아이들 자신이 보고 들은 것과 충돌하기 때문인데, 자신의 성역할을 인지한 아이들은 어른들이 기회를 줘도 붙잡으려 하지 않는다. 실제로 우리는 몇 배나 심한 불평등한 세계에서 살고 있으므로 이것은 전혀 이상한 일이 아니다. 소방관들 대다수는 남성이고, 간호사들 대다수는 여성이다. 또 관리자들은 여성보다 남성이 훨씬 더 많다. 이러한 상황에서도 우리는 "여자도 충분히 관리자가 될 수 있고 남자도 간호사가 될 수 있어."라고 말할 수는 있다. 하지만 그 아이의 현실은 우리의 묘사와 충돌할 것이며, 그 아이는 우리의 의도를 이해하지 못할 수도 있다.

만일 우리가 아이의 경험에 초점을 맞춰서 "관리자들 중에는 남자가 더 많지만 여자도 그렇게 될 수 있어."라고 말한다면 어떨까? 아이한테 가능성을 보여 주고자 한다면 이렇게 말하는 게 훨씬 더 효과적이다. 또 이렇게 말할 수도 있다. "예전에는 오직 남자들만 관리자가 될 수 있다고 여겼지만 요즘에는 그게 아니라는 걸 많은 사람들이 알고 있어."

똑같은 방식으로 우리는 부모의 책임에 대해서도 이야기할 수 있다. "예전에는 거의 모든 사람들이 엄마가 아기를 돌보는 게 더 낫다고 생각했기에 아빠들은 아이와 떨어져 밖에서 시간을 보냈어. 하지만 오늘날에는 아빠, 엄마 모두가 아이를 돌볼 수 있다는 사실을 다들 알고 있어."

아이들이 성장하는 동안 우리는 많은 이야기를 나눈다. 평등이 무엇인지, 또 어떤 것을 바꿀 수 있고 어떤 것을 손댈 수 없는지를 말이다. 여성스럽거나 남성스럽다고 여겨지는 것들에 도전장을 내밀고 자신의 길을 걸어가는 아이들에게 힘을 실어 주는 일이 더 쉬워질지도 모른다. 아이들은 어른들과의 대화를 통해 자신의 삶에서 필요한 특성들에 대해 문제 제기를 하고, 토론하고, 변화시키는 법을 배운다.

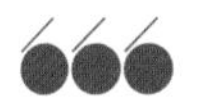

아이는 어른을 보고 배운다

"저희는 아이들을 평등하게 대해요. 아빠가 자동차를 고칠 때나 제가 요리를 할 때 율리우스와 민나가 늘 함께해요. 옆에서 저희를 도와주죠."

- 안니카, 4·6세 아동의 부모

새로운 것은 늘 두렵고 불안하며, 기존의 것은 익숙하고 편안하다. 그래서 사람들은 변화에 민감하게 반응하면서 저항하곤 한다. 두려움과 불안함을 피하는 가장 좋은 방법은 확실한 카드를 선택하는 것이다. 빵을 잘 굽는 사람은 빵을 굽고, 잔디 깎는 일이 능숙한 사람은 잔디를 깎으면 된다. 하지만 언제까지나 이렇게 피할 수만은 없다. 도전 정신을 갖고 새로운 것을 시도해 보는 대안이 필요하다.

평등을 추구하기 위해서는 본보기가 있어야 한다. 우리 같은 어른들이 스스로의 레퍼토리를 확장시키지 않는다면 아이들의 신뢰를 얻기 힘들 것이다. 이러한 상황에서 우리가 아무리 평등의 중요성을 이야기하고 평등을 추구해도 아이들 마음에 닿지 못한다.

일반적으로 우리는 안정감을 느낄 때 변화를 꾀하고, 젠더에 구애받지 않고 새로운 것을 시도해 볼 용기를 얻는다. 안정감은 특히 우리가 서로에게 긍정적인 확신을 줄 때 만들어지는데, 우리 사이가 좋고 서로에게 잘 맞는다는 것을 보여 줌으로써 긍정적인 기운을 주고받을 수 있다. 긍정적인 확신은 뭔가 새로운 걸 시도해 볼 분위기를 조성하는 데도 기여한다. 이러한 분위기에서는 포용력이 넓어져 실수도 너그럽게 덮어 준다. 새로운 것들을 시험해 보고 변화시키는 일이 더 재미있고 즐거워진다.

어른들과 아이들 모두에게 평등하게 접근함으로써 우리는 젠더 프레임을 지워 버릴 수 있으며, 살아가는 동안 갖가지 방식들을 시도해 볼 수 있다. 그러면 더 이상 우리 스스로를 교정할 필요가 없으며, 젠더 프레임에 맞추지 않아도 되기에 불안함이나 두려움을 가질 필요가 없다. 더 즐거워지고, 더 공정해지고, 더 흥미로워져서 우리는 두 가지 가능성 대신에 수백 가지의 가능성을 손에 쥘 수 있다.

아이에게 남자로 사는 길과 여자로 사는 길, 이 두 가지 길만 알려 줄 것인가? 아니면 수백 가지의 다른 길들이 있고, 그중에서 네가 무얼 선택하든 우리는 지지해 줄 거라고 말할 것인가?

성평등 교육, 어떻게 시작할까?

- 주도권을 가지고 자신이 원하는 대로 추진하세요. 대부분의 사람들은 '평등'에 대해 긍정적인 인식을 가지고 있습니다.
- 사과하지 마세요. 자신의 행동에 대해 일일이 설명하지 않아도 됩니다. 기존 프레임에 맞춰 사는 사람들도 있지만, 양성 프레임을 깨뜨리려는 당신 같은 사람도 있습니다. 스스로를 믿으세요.
- 긍정적인 확인은 늘 좋습니다. 사소하더라도 잘되는 일부터 찾아서 시작하세요.
- 건설적인 의견을 내세요. 문제를 지적하는 대신 적절한 대안을 찾아서 보여 주세요.
- 정신력(맷집)을 키우세요. 평등을 주장하는 당신을 별나고 이상한 사람으로 여기는 시선들이 많을 겁니다. 어떤 시대든 당연하다고 생각했던 일들에 물음을 던지고 도전하는 사람들은 늘 그런 따가운 시선을 접했습니다.
- 당신과 생각이 같은 사람들을 만나 보세요. 어떤 일이든 혼자는 어렵습니다.
- 다른 부모나 친척, 교사들에게 반문해 보세요. 평등에 대한 질문과 반

박을 통해 자신의 생각을 표현할 수 있는 기회를 얻을 수 있을뿐더러 혼자 모든 것을 설명해야 하는 상황에서 벗어날 수도 있습니다.

- 자신과 생각이 다른 사람도 존중하세요. 다양한 생각들은 늘 존재합니다.
- 일부 사람들이 반박할 수 있으니 늘 대응책을 준비하세요. 이때 당신에 대한 비판으로 받아들이지는 마세요.
- 평상시에 평등을 실천한다면 이미 많은 일들을 한 것입니다. 스스로를 바꾸고, 다른 사람들에게 모범을 보이는 것만으로도 충분합니다.
- 토론 자리를 만드세요. 모범 사례들을 보여 주고, 방송이나 신문에서 논의되는 흥미로운 주제들에 대해 의견을 내세요.
- 어떤 상황이 당신이나 당신의 아이에게 부정적인 영향을 미친다면 조용히 피하세요.
- 어떤 일에 도전하려면 힘(에너지)은 필수고, 투쟁은 선택입니다. 어떤 경우엔 그냥 흐름 따라 사는 게 편할 수도 있습니다. 스스로에게 너무 엄격한 잣대를 들이대지 마세요.

마치며

평등 문제를 다루면서 때때로 너무 멀리 나가지는 않았는지 점검하게 된다. 이 책을 쓰면서도 어디까지 말해야 할지 고민이 많았다. 최근에는 우리를 안 좋게 보는 시선도 느꼈다. 꼭 어디 아픈 사람 보듯이 말이다. 어쩌면 1900년대 초, 여성의 투표권을 위해 투쟁했던 사람들을 끔찍하다고 표현했던 것과 같을지도 모른다. 그들이 이 얘기를 듣지 못해서 다행이다.

우리 할머니는
56세 때 처음으로
투표를 하셨대요.

우리는 평등과 관련해 일하면서 참을성이 없다는 소리를 듣기도 하고, 지금까지의 성과에 만족하라는 소리를 듣기도 한다. 물론 변화가 느껴져 기쁠 때도 있다. 하지만 여전히 우리 아이들의 가능성은 생물학적 성과 관련 있다. 이 사실을 알고도 어떻게 그냥 묵과할 수 있겠는가. 이제 겨우 조금 평등해졌을 뿐 아직은 곳곳에서 성별적 차별이 일어나고 있다. 아이들 옆에는 늘 젠더의 함정과 난관이 존재하며, 성별에 따른 불평등한 차별 행위는 매일 우리 눈앞에서 벌어지고 있다. 이것은 분명 아이에게 어떤 식으로든 영향을 미칠 것이다.

우리 아버지는
군 입대를 거부하다가
감옥에 가셨대요.

역사를 되돌아봤을 때 여성과 남성 그리고 여자아이와 남자아이의 역할은 계속 변화해 왔다. 무엇이 되어 무슨 일을 할 수 있는지에 대한 생각들은 분명 시대에 따라 변천을 거듭했다. 아이들이 살아갈 세상을 변화시키고, 아이들이 무한한 가능성을 펼칠 세상을 만들어 갈 힘은 우리 같은 평범한 사람들에게 있다. 예를 들어 환경과 생태계에 관해 생각해 보자. 유기농 음식과 친환경적 교통수단을 찾는 사람들이 늘어날수록 그것은 더 일반화된다. 공정무역 유기농, 유기농 그리고 여러 친환경 인증 마크들은 사람들의 요구가 만들어 낸 결과물이다.

내가 태어났을 때
아빠는 회사에 육아휴직을
신청하셨는데, 언니 때는
그렇게 못 하셨대요.

우리의 아이가 여자, 남자가 아닌 그냥 한 사람으로 대우받기를 원하면 원할수록 그렇게 될 가능성이 커진다. 다른 부모나 교사, 의사, 아동 복지 관련 직원 그리고 아이 주변에 있는 중요한 사람들이 아이를 어떻게 대할지 고민하고 더욱더 주의하게 될 것이다. 질적인 개념에서 평등은 아직 초기 단계다. 젠더 교육을 목표로 삼은 유치원, 책 출간 전에 젠더 부분을 확인하는 출판사 그리고 모든 아이들이 입을 수 있는 유니섹스 컬렉션에 투자하는 의류 회사들이 있다. 이러한 시도들이 흥미로운 평등의 여정에서 첫 걸음이길 희망한다. 아직은 갈 길이 멀다.

성별이 어떻든 아이들은 평등한 기회를 가져야 한다. 이 책이 아이들에게 보다 높은 수준의 평등을 제공할 수 있기를 바라며, 이와 관련된 즐겁고 흥미로운 대화에 영감을 줄 수 있기를 희망한다. 만일 우리가 작은 한 발을 내딛는다면, 그래서 일상에 변화를 준다면 우리는 함께 큰 차이를 만들어 낼 수 있을 것이다. 우리의 아이들이 그리고 그 후손들이 앞 세대가 했던 평등을 위한 투쟁에 대해 고마움을 표현하는 날이 부디 왔으면 좋겠다.

참고 문헌 및 추천 도서

Andersson Odén, Tomas: *Publicistiska beslut*. Institutionen för journalistisk och masskommunikation, Göteborg 2004

Bergkvist, Elaine: *Härskarteknik*. Månpocket 2009

Bjurwald, Lisa: *En omtvistad ikon fyller 50 år*. Dagens Nyheter 090208

Björnsson, Mats: *Kön och skolframgång*. Myndigheten för Skolutveckling 2005

Brade, Lovise; Engström, Carolina; Sörensdotter, Renita och Wiktorsson, Pär: *I normens öga – metoder för en normbrytande undervisning*. Friends 2008

Brantenberg, Gerd: *Egalias döttrar*. Pax förlag 1977

Bratt, Anna-Klara och Lodalen, Mian: *Könsbalans – så jobbar du jämställt*. Bokförlaget DN 2007

Dahlén, Sandra: *Hetero*. Tiden 2006

Davies, Bronwyn: *Hur flickor och pojkar gör kön*. Liber 2003

De Bono, Edward: *Serious Creativity*. Harper Collins 1996

Einarsson, Jan: *Språkliga dagar*. Studentlitteratur 2000

Eliasson, Mona: *Mäns våld mot kvinnor*. Natur och Kultur 2000

Elf Karlén, Moa och Palmström, Johanna: *Ta betalt*. Tiden 2005

Eriksson, Peter: *På Y-fronten intet nytt eller jakten på den nya mansrollen*. Bokförlaget DN 2006

Ernsjöö Rappe, Tinni och Sjögren, Jennie: *Diagnos: Duktig – handbok för överambitiösa tjejer och alla andra som borde bry sig*. Bokförlaget DN 2002

Faludi, Susan: *The Terror Dream – what 9/11 Revealed about America*. Atlantic Books 2007

Forsberg, Lena: *Att utveckla handlingskraft*. Luleå Tekniska Universitet 2007

Gannerud, Eva: *Lärares liv och arbete i ett genusperspektiv*. Liber 2001

Hejlskov Elvén, Bo: *Beteendeproblem i skolan*. Natur och Kultur Akademiska 2014

Herrström, Christina: *Tusen gånger starkare*. Bonnier Carlsen 2006

Hjelm, Johnny: *Den dåliga damfotbollsspelaren*. Artikel publicerad på Idrottsforum.org 2007

Hirdman, Yvonne: *Genus – om det stabilas föränderliga former*. Liber 2002

Holmberg, Karin: *Det kallas kärlek*. Anamma Böcker 1999

Hotopp, Ulrika: *Lekande lätta tider för leksakshandeln*. Dagenshandel.se 070223

Jahnke, Marcus: *Normgivning formgivning*. Centrum för konsumtionsvetenskap 2006

Janson, Marlena: *Bolibompa ur en feministisk vinkel*. Svenska Dagbladet 080218

John, Charlotta och von Sabljar, Pamela: *Elfte steget – vägen dit*. Elfte steget 2003

Jonsdottir, Fanny: *Barns kamratrelationer i förskolan*. Malmö högskola 2007

Juul, Jesper: *Agression- ett nytt och farligt tabu*. Wahlström Widestrand 2014

Kjellberg, Karin: *Genusmaskineriet*. Rädda Barnen 2004

Knöfel Magnusson, Anna och Olsson, Hans: *Jag visste när jag var tio*. RFSU 2008

Kåreland, Lena (red.): *Modig och stark – eller ligga lågt*. Natur och Kultur 2005

Marklund, Liza och Snickare, Lotta: *Det finns en särskild plats i helvetet för kvinnor som inte hjälper varandra*. Piratförlaget 2005

Mendel-Enk, Stephan: *Med uppenbar känsla för stil – ett reportage om manlighet*. Bokförlaget Atlas 2004

Milles, Karin: *Jämställt språk*. Språkrådet 2008

Nelson, Anders och Nilsson, Mattias: *Det massiva barnrummet*. Malmö högskola 2002

Nelson, Anders och Svensson, Krister: *Barn och leksaker i lek och lärande*. Liber 2005

Nordberg, Marie (red.): *Maskulinitet på schemat*. Liber 2008

Norlin, Anna: *Tänk (tvärt) om*. Rabén och Sjögren 2007

Olofsson, Britta: *Modiga prinsessor och ömsinta killar*. Lärarförbundet 2007

Rubin Dranger, Johanna: *Askungens syster*. Albert Bonniers förlag 2005

Rasti, Damon och Hedman, Gloria: *Tjuvlyssnat*. Känguru 2007 (bild på sid 63 är inspirerad av ett citat från boken)

SCB (Statistiska Centralbyrån): *På tal om Kvinnor och Män, lathund om jämställdhet*. 2008

SIDA: *Jämställdhet gör världen rikare*. 2006

SOU 2006:75: *Jämställd förskola – om betydelsen av jämställdhet och genus i förskolans pedagogiska arbete*

Svaleryd, Kajsa: *Genuspedagogik*. Liber 2002

Svan, Moa: *Det riktiga Landslaget*. Leopard förlag 2015

Svennson, Käthe: *Rapport om pedagogers bemötande av barn ur ett genus-perspektiv*. Eslövs kommun 2008

Trensmar, Britt-Marie (red.): *Play the man*. Mangrant förlag 2003

Villanueva Gran, Tora: *Pojkar får mindre positiv närhet*. Artikel publicerad i Fritids pedagogik 2016

Wahlström, Kajsa: *Flickor, pojkar och pedagoger*. UR 2003

Wester, Julia: *Den fysiska beröringens påverkan på stereotypa könsroller på fritidshemmet*. Södertörns högskola 2015

Östergren, Petra (red.): *F-ordet – mot en ny feminism*. Alfabeta 2008

Barnombudsmannen www.bo.se

Statistiska Centralbyrån www.scb.se

Brottsförebyggande rådet www.bra.se

집, 유치원, 학교에서 시작하는
스웨덴식 성평등 교육

초판 1쇄 발행 2019년 1월 25일
초판 2쇄 발행 2020년 11월 20일

글 크리스티나 헨켈, 마리 토미치
번역 홍재웅
펴낸이 김명희
책임편집 여성희 | 디자인 신미연

펴낸곳 다봄
등록 2011년 1월 15일 제395-2011-000104호
주소 서울시 광진구 아차산로 51길 11 4층
전화 02-446-0120
팩스 0303-0948-0120
전자우편 dabombook@hanmail.net

ISBN 979-11-85018-63-8 03590

이 도서의 국립중앙도서관 출판예정도서목록(CIP)은 서지정보유통지원시스템 홈페이지(seoji.nl.go.kr)와
국가자료공동목록시스템(www.nl.go.kr/kolisnet)에서 이용하실 수 있습니다.(CIP제어번호: CIP2018040955)

※ 책값은 뒤표지에 표시되어 있습니다.
※ 파본이나 잘못된 책은 구입하신 곳에서 바꿔 드립니다.